PETITE HISTOIRE NATURELLE

PAR FRANÇOIS STRASSLE

Traduite de l'Allemand

PARIS

ARNAUD DE VRESSE
ÉDITEUR
35, Rue de Rivoli.

PETITE
HISTOIRE NATURELLE

CLICHY. — IMPRIMERIE DE MAURICE LOIGNON ET Cⁱᵉ
Rue du Bac-d'Asnières, 12.

PETITE
HISTOIRE NATURELLE

PAR

FRANÇOIS STRASSLE

TRADUIT DE L'ALLEMAND

Par P. PARIZOT

PARIS

ARNAULD DE VRESSE, ÉDITEUR

55, rue de Rivoli, 55

PETITE
HISTOIRE NATURELLE

L'HOMME ET LA NATURE.

De quelque côté que se dirige le regard de l'homme, partout et toujours se montrent les œuvres d'un Dieu tout-puissant.

Veut-on nommer ces merveilles, *Nature* est l'expression que nous employons pour les désigner.

De tous les spectacles, la contemplation de la nature est le plus intéressant, le plus instructif. Par elle, le Maître du monde nous est mieux connu; par elle aussi, la Création, que nous pénétrons davantage, nous dévoile ses secrets les plus intimes.

Sortez-vous dans la rue et, à tout hasard, mon jeune ami, prenez-vous entre vos mains une pierre ; de prime-abord, elle vous paraîtra une masse inerte, dépourvue de toutes formes, sans caractères bien particuliers qui la signale à votre attention.

De la rue gagnez-vous une prairie, un brin d'herbe s'offre plus particulièrement à votre investigation ; mince et modeste feuille verte, elle n'a rien de bien orné, de bien éblouissant. Il en sera de même du ver qui rampera à vos pieds ; il ne vous paraîtra qu'un simple tube mobile et élastique. Pour vous, pierre, brin d'herbe et ver de terre ne vous inspireront que dédain et mépris, dignes à peine d'être foulés aux pieds. Le faites-vous, ils sont détruits ! ! !... Mais si, un instant après, le regret d'avoir anéanti ces êtres s'empare de votre âme, si vous voulez par hasard les rendre à leur état primitif, vous reconnaîtrez alors que toutes ces choses, malgré la simplicité de leur contexture, sont tout autant de merveilles qu'aucun homme ne pourra jamais imiter, et qu'elles n'ont pu avoir qu'un Dieu pour créateur.

Et si les métaux, les pierres précieuses qui reposent dans le sein de la terre, les fleurs qui embaument nos jardins et nos prairies, les arbres de toutes les essences qui peuplent nos forêts, le papillon volage, les oiseaux au plumage éclatant passent devant votre mémoire et votre imagination comme un panorama aussi riche que varié, alors seulement, pénétré de votre néant, vous vous humilierez devant leur divin Créateur.

Ce n'est pas tout; grâce à l'observation attentive de la nature, nous nous pénétrons de ses secrets, nous nous les approprions, nous formons notre esprit à l'analyse, nous en tirons une utilité pratique de tous les jours, nous découvrons le fort et le faible de chaque chose, nous nous y attachons, et notre existence temporelle, dominée par un but élevé, ne s'écoule plus sans avoir une valeur véritable.

Le bon Dieu, en donnant à l'homme l'empire souverain de la nature, lui a fourni également les moyens nécessaires de la dominer et de se la rendre favorable. La force et le courage du cheval sont à peine connus de l'homme, qu'il le dompte et l'emploie à tous les travaux domestiques; il le dresse à la guerre et s'en fait un instrument de gloire. Il en sera de même des métaux; quel parti n'en tirera-t-il pas!

Dépourvu de toutes ces connaissances, triste et misérable sera son existence; mille dangers l'assailliront sans cesse; il ne saura distinguer ni les plantes vénéneuses, ni les animaux nuisibles. Quelles barrières pourra-t-il mettre autour de lui pour se protéger?

Que m'importe, diront les sots, que tel ou tel animal se trouve ici ou là? Que le lion hante le pôle arctique et l'ours blanc les déserts de l'Afrique, que le sucre se récolte sur le pin sylvestre ou que le sel se ramasse dans les entrailles de la terre ou sur sa surface,

que la chauve-souris soit un oiseau ou un sau-
rien, qui m'importe? Tout cela m'est parfaitement égal!

Détrompez-vous, mon jeune ami, celui
qui professe une pareille indifférence pour les
œuvres de Dieu accuse une bien grande igno-
rance; il renie et dédaigne l'œuvre de son
créateur, méprise les bénéfices de sa muni-
ficence, et, de gaieté de cœur, se met au rang
des enfants mineurs, esclave-né de tout ce
qui l'entoure.

Afin de mettre un peu d'ordre au sein de
cette variété infinie qui constitue la création,
les savants ont imaginé une classification
basée sur les particularités qui caractérisent
chacun de ses êtres; ils les ont groupés en
trois grandes masses ou règnes, ce sont :

A. — LE RÈGNE ANIMAL.

B. — LE RÈGNE VÉGÉTAL.

C. — LE RÈGNE MINÉRAL.

Chacune de ces trois grandes classifica-

tions se divise de nouveau en une foule
d'autres subdivisions. Les énoncer n'a pas été
le but de l'auteur ; il n'a voulu faire faire à son
jeune élève qu'un premier pas, sauf à lui, à
un âge plus avancé, d'entrer dans de plus
grands détails.

A. — RÈGNE ANIMAL.

Aux premiers jours du monde, lorsque
le Dieu tout-puissant proféra, selon l'expression des livres saints, le *fiat* créateur de
l'homme, les abîmes des mers fourmillaient
d'êtres vivants ; mille espèces d'oiseaux vo-
laient en tous sens au sein de l'espace éthéré.

Depuis ce temps, tous les animaux seraient
anéantis, si Dieu ne les avait rendus productifs. D'après cette loi de la nature, les uns
sont vivipares, c'est-à-dire qu'ils mettent au
monde des petits tout vivants ; d'autres ovipares : ils se reproduisent par des œufs.

La fécondité des animaux est telle, qu'ils

sont aujourd'hui beaucoup plus nombreux qu'ils ne l'étaient au commencement du monde.

La nature, en les revêtant d'après le climat qui leur est propre, a donné à chacun de ces êtres l'instinct de se nourrir et de veiller à sa conservation; ainsi, la plupart des animaux pourvus d'armes naturelles et dangereuses, telles que dents, griffes, aiguillons venimeux, savent combattre énergiquement avec l'ennemi qui les attaque.

En dépit de leurs forces, l'homme seul, supérieur à eux, sait les dompter et les soumettre à sa volonté; Dieu lui a donné sur eux ce pouvoir, en disant au premier homme : « Règne sur tout ce qui vit et se meut sur la terre. »

Les animaux se distinguent des autres corps de la nature en ce qu'ils ont la sensibilité et le mouvement; du moins, ils peuvent étendre et retirer quelques parties de leur corps. Ils se nourrissent de matières dures ou liquides, qu'ils prennent par une seule ouverture de leur corps.

Quelque différentes que soient leur grandeur, leur forme, leur construction intérieure et leur manière de voir, il en est beaucoup qui se ressemblent ; cette analogie entre eux les a fait diviser comme suit :

ANIMAUX A OS OU VERTÉBRÉS

(SQUELETTE COMPLET)

I. — **Mammifères.**
II. — **Oiseaux**
III. — **Reptiles.**
IV. — **Poissons.**

ANIMAUX NON VERTÉBRÉS

(SANS SQUELETTE)

V. — **Insectes.**
VI. — **Vers.**
VII. — **Mollusques.**
VIII. — **Animaux-plantes**

I. — MAMMIFÈRES.

De toutes les classes d'animaux, les mammifères sont les plus parfaits. Munis de quatre pieds, les mammifères poissons exceptés, ils sont désignés sous la dénomination générale de quadrupèdes. Ils possèdent cinq sens, qui, chez quelques-uns d'entre eux, sont très-développés. Les parties principales qui composent leur individualité sont : la tête, le cou, le corps proprement dit et les membres ; leurs pieds sont munis de doigts, de sabots ou de griffes. Le cœur est doué de deux ventricules et de deux avant-ventricules. Des poumons leur servent d'instruments respiratoires : grâce à eux, ils peuvent produire et articuler des sons. Leur sang est rouge et chaud. Les instruments dont ils se servent pour prendre et digérer leur nourriture sont : l'estomac, le foie, la rate et les intestins. Dans leur structure particulière, les os leur servent, comme dans un édifice, de poutres et de colonnes. Ils mettent au monde des petits de leur espèce tout vivants et les allaitent dès les premiers jours du lait de leurs mamelles. Généralement couverts de poils, les diverses toisons qui les couvrent se nomment laines, épics, etc. Ils peuplent toutes les parties de la terre ; un très-petit nombre d'entre eux habitent le sein des eaux. Les divers mouvements de leur locomotion se désignent par les expressions suivantes : aller, courir, sauter, trotter, grimper, etc. Contre leurs ennemis, ils se protégent par des morsures, des coups de tête, de griffes ou de pieds. En général, la plupart préfère fuir aux premiers signes du danger. Les services qu'ils rendent à l'homme sont incalculables. — Les bêtes à cornes, par exemple, tirent la charrue et la voiture ; leur lait sert à confectionner le beurre et le fromage; leurs excréments fument nos champs. Tuées, leur chair nous nourrit d'une manière succulente. De leurs peaux et de leur graisse nous en tirons une foule de partis utiles, trop longs à énumérer. Nous n'avons pas de meilleures bêtes de monture et de trait que le cheval. Avec la laine des moutons se tissent nos habits ; la chair de cet animal nous nourrit, sa peau est employée par nous à mille usages divers. Le chat hypocrite ne nous délivre-t-il pas des rats voraces et voleurs?

Arrêtons notre attention sur ces animaux dont nous tirons tant de profit.

Étudions-les dans les dix classes suivantes.

I. — SINGES OU ANIMAUX A QUATRE MAINS.

C'est dans les forêts des pays chauds qu'habitent les singes; ces animaux burlesques, pleins de vie, sont vifs, espiègles, malicieux.

Voyez-les en nombre dans une vaste cage, comme ils sont à Paris ou à Vienne, quelle vivacité dans leurs mouvements, quelle agilité dans leurs exercices gymnastiques, quelle variété dans leurs horribles grimaces, et quelle dextérité à s'enlever mutuellement la friandise que le spectateur leur jette! Alors la rixe qui s'ensuit, et la victoire restant au plus fort.

Et la femelle, avec son petit dans ses bras, comme elle le câline, le caresse, le regarde avec tendresse! Avec quel soin elle lui donne à manger et lui ôte la vermine!

Le petit veut-il, de son autorité privée, prendre quelque nourriture ou jouer avec son voi-

sin, il reçoit un soufflet; il crie, les soufflets
pleuvent; les cris redoublent, toute la gente
singe fait chorus, et le spectateur, assourdi par
ce bruit discordant, n'en demande pas davantage. Quelques genres de singes sont éduca-
bles, mais, tout imitateurs qu'ils sont, leur
malice est si grande, qu'ils prennent l'air stupide et gauche, si on veut leur apprendre
quelque chose : ce n'est qu'à force de coups de
bâton, et en les privant un peu de nourriture,
qu'on parvient à les dresser.

On en voit qui dansent sur la corde comme
les acrobates : la grande ascension, le saut du
cerceau, le pas de basque; ils font même la
génuflexion en tenant deux petits étendards;
rien n'y manque.

Malgré tout, le singe restera toujours gourmand, colère, voleur, vindicatif. Les sauvages
disent de lui que s'il n'est pas menteur, c'est
qu'il ne peut parler.

Les singes, presque semblables à l'homme,
tiennent le premier rang parmi les animaux;

cependant, la différence entre l'homme et le singe est très-grande; le singe le mieux formé ne sera jamais pris pour un homme.

Il est quelques espèces de singes qui peuvent, pendant quelque temps, marcher debout comme les hommes : ce sont les orangs-outangs. Leurs yeux sont placés comme ceux de l'homme ; ils n'ont pas de pieds comme les autres animaux, mais des mains à ongles et à pouces. On les divise en deux classes : singes de l'ancien monde, et singes américains.

L'*orang-outang* (tableau I, 5) de l'île de Bornéo a le poil marron, la figure lisse et bleuâtre, les bras longs. Il vit seul ou en petit nombre dans les épaisses forêts ; il se nourrit de fruits, descend rarement des arbres, et, s'il est poursuivi, se cache dans les branches les plus feuillues et les plus hautes.

Le *chimpanzé* (nom allemand), de la même famille que l'orang-outang, vit en troupeaux dans la Guinée, le Congo, le Sierra-Leone ; dans son entier développement, sa taille est celle d'un homme accompli. L'orang-outang n'a ordinairement que 5 pieds.

Ces animaux, à poil marron, à figure noire d'ébène, se construisent des huttes de branches d'arbre et les défendent contre l'attaque des animaux et des hommes avec des pierres et des bâtons.

Les *marmots* se distinguent par leur queue, excessivement longue; ils ont des abajoues dans lesquelles ils peuvent cacher leur nourriture.

Le *singe turc* ou *magot* ressemble aux marmots; seulement, sa queue est si petite qu'elle paraît avoir été coupée.

Le *longs-bras* ou *gibbou* (tableau I, 6) vit en nombre ou par couple, dans les forêts des îles de Java, de Bornéo, de Sumatra et les Célèbes.

La figure de ces singes, à expression douce, sérieuse, presque triste, est entourée d'un collier de poils blancs. Leurs bras pendent presque jusqu'à terre; ils sont beaucoup plus agiles à marcher sur les arbres que sur la terre. Leur plus grande espèce a 6 pieds de hauteur.

Les *babouins* sont remarquables par leur museau, allongé comme celui du chien; ils sont très-sauvages, méchants et très-dangereux par les coups de dents qu'ils donnent.

Le *mandril* ou *diable de la forêt* vit en troupeaux en Afrique. On le montre dans les ménageries sous le nom d'orang-outang; c'est le plus laid, le plus fort, le plus sauvage de cette espèce.

Le *galago* (tabl. II, 4) vit en Afrique; il a les oreilles, les yeux très-grands. Il dort le jour, et le soir au crépuscule il se glisse sur les arbres pour chercher sa nourriture.

Les *singes américains* ou du Nouveau-Monde sont rugissants. Ils se servent de leur queue pour saisir ce qu'ils ne pourraient attraper avec la main; c'est aussi pour eux un appui pour se soutenir et grimper lestement aux arbres. Ils vivent dans l'Amérique du Sud par centaines. Leurs rugissements effroyables font d'eux un fléau insupportable.

Les singes à griffes, aussi de l'Amérique du sud, vivent en nombre sur les arbres. On distingue parmi eux le singe à poils soyeux, à oreilles blanches (tabl. I, 3), animal gris de la hauteur de 5 pouces, à queue blanche, mêlée de poils marrons. Un autre bel animal de cette famille est le singe lion ; il vit au Brésil ; sa couleur est jaune d'or ; il a une crinière autour de la tête et du cou ; on le voit souvent dans les ménageries, mais il ne supporte pas bien notre climat.

Tous les singes sont excessivement habiles à grimper ; ils ne descendent des arbres que quand ils veulent boire, ou s'ils sont obligés de chercher leur nourriture hors de la forêt ; ils aiment le blé, les fruits sauvages et de jardin ; ils mangent aussi des bourgeons, des feuilles, des racines, des vers, des insectes, des œufs, des petits oiseaux qu'ils plument soigneusement. En cage, ils s'habituent à la nourriture des hommes.

Dans quelques pays, on les chasse pour leur chair et leur peau. On attrape les vieux pour avoir les petits qu'ils mènent avec eux. Tous les singes apportés chez nous ont été pris jeunes.

II. — ANIMAUX A BRAS AILÉS.

A la nuit tombante, nous voyous voler autour de nos maisons et à travers nos jardins un petit animal, craint généralement de tout le monde. C'est la *chauve-souris*, animal tout à fait innuisible. C'est en poursuivant avec une ardeur aveugle les hannetons, les mouches et autres insectes, qu'elle nous touche quelquefois et s'accroche à nos cheveux.

Les chauves-souris, fatiguées de leur chasse nocturne, dorment tout le jour et ne sortent que le soir de leur cachette. Elles n'ont pas de nid mou et commode comme les oiseaux, mais elles se pendent par les pieds de derrière aux contrevents, dans le creux des arbres, sous les toits en ruines ; en se réveillant, elles se laissent tomber, étendent, dans leur chute, les membranes qui leur servent d'ailes et s'envolent.

Elles ne peuvent s'envoler si elles tombent sur le sol ; à l'aide de leurs griffes, elles grimpent sur un mur ou un arbre et se laissent tomber.

A l'approche de l'hiver, elles cherchent un endroit sombre où elles puissent être garanties du froid, et y dorment jusqu'à ce que la chaleur du printemps les réveille.

Elles se cachent quelquefois dans les cheminées, où la chaleur les attire ; on les a appelées pour cela voleuses de lard. C'est à tort : elles ne se nourrissent que d'insectes, et sont par cela même très-utiles.

On les nomme chauves-souris, parce que, comme les souris, elles ont sur la tête et le corps le même poil gris et doux. Le ventre est d'un gris blanc ; seulement, au lieu de pattes comme celles des souris, elles ont des membranes (peau fine) ailées qui leur servent à voler ; leurs ailes étendues, elles portent dix à douze pouces d'envergure.

La grande chauve-souris (à nez fer de cheval, tableau I, 2) a 14 pouces d'envergure. Les chauves-souris ont de très-petits yeux ; mais la grande finesse de leur ouïe et la délicate sensibilité de leurs ailes membraneuses remplacent, chez elles, la vue qui leur manque ; ainsi elles peuvent voler dans les endroits les plus obscurs sans jamais se heurter. Quelques grandes espèces de chauves-souris vivent dans les Indes et les îles environnantes ; elles se nourrissent non-seulement d'insectes, mais aussi de fruits.

Le *maki volant* (nom allemand, — tableau n° 1) est de la grandeur du chat, mais ses ailes ne lui servent que de parachute.

Le *vampire* grand comme un écureuil, est très-redouté, parce qu'il suce le sang aux hommes et aux animaux endormis ; cependant, les blessures qu'il fait ne sont pas dangereuses.

III. — ANIMAUX CARNASSIERS.

On entend par carnassiers tous les animaux de proie, tels que les renards, les loups, les ours, et le genre de chats sanguinaires des pays chauds, comme le lion, le tigre, la panthère, le lynx. Ces redoutables habitants des forêts méritent, en première ligne, le nom de carnassiers ou animaux de proie, parce qu'ils attaquent d'une manière sournoise et violente les autres animaux, les déchirent pour les dévorer. Cependant, les naturalistes ont encore donné le nom de carnassiers à des animaux qui ne se nourrissent que d'insectes ; ce sont : les hérissons, les musaraignes, les taupes, que l'on nomme aussi mangeurs d'insectes, ou creuseurs de terre.

Le *hérisson commun* (tabl. I, 20), animal assez connu, est de la grosseur d'un chat à demi développé ; son dos et les deux flancs de son corps sont hérissés de pointes qu'il peut diriger à volonté. Le ventre et les pieds sont couverts d'un poil court. Son museau a la forme d'une trompe. Il est très-craintif ; lorsqu'il a peur de quelque chose, il rentre sa tête et ses pieds, se roule, et son corps ne présente plus qu'une boule hérissée de pointes.

Ses ennemis ne savent comment l'attaquer, ni de quel côté le prendre, car ils se piquent à ses dards : ceux de la tête lui servent d'armes offensives pour attaquer les rats, les fouines, les putois. Il les pique sur le museau pour s'en débarrasser.

Pendant la nuit, il se cache ordinairement dans un trou qu'il se creuse dans les broussailles. La nuit, il sort pour chasser ; il mange des escarbots, des vers de terre, des escargots, des serpents, des lézards, des grenouilles, des taupes, des chauves-souris, voire même les petits oiseaux et leurs œufs. On le trouve souvent en automne dans les jardins et les vignes, car il aime le raisin et les fruits ; malgré cela, il est plus utile que nuisible, puisqu'il détruit les vipères : c'est donc à tort qu'on le tue. En hiver, il dort dans le terrier qu'il s'est creusé lui-même.

La musaraigne aquatique (tabl. I, 19) vit

dans les trous du bord de l'eau ; c'est un des plus petits mammifères ; elle ressemble au rat domestique, mais est beaucoup plus petite et ne nuit en rien, puisque, comme toutes les musaraignes, elle ne se nourrit que d'insectes et de vers. Son pelage est marron noir, mais, en-dessous, gris ; ses pattes sont munies de poils rudes qui l'aident à nager ; elle vit presque toujours dans son trou, de même que la taupe, qui ne vient à l'air que quand elle a besoin de mousse et de feuilles pour préparer un doux lit à ses petits. Alors elle devient souvent la nourriture des belettes et des oiseaux de proie.

Elle n'est pas aveugle, comme on le croit communément ; mais ses yeux et ses oreilles sont cachés par sa fourrure. Par cette disposition providentielle de Dieu, elle peut, sans que la terre y pénètre, creuser son trou avec son museau en forme de trompe et avec ses pattes en pelle. Bien qu'elle mange les vers de terre et les insectes, on cherche à la détruire quand ses taupinières deviennent trop nombreuses dans les jardins et les prairies ; cependant, c'est elle qui détruit les bêtes qui rongent les racines des plantes.

Un carnassier plus respectable que tous les animaux ci-dessus nommés est notre chat domestique, qui descend du chat sauvage. Il n'a pu encore, malgré le doux traitement des hommes, perdre la demi-sauvagerie de son naturel : à l'occasion, il se montre perfide et sournois. Il ne se laisse ni attacher, ni emprisonner, comme les autres animaux domestiques ; il n'aime qu'à courir dans les greniers, sur les toits, dans les caves et autres endroits sombres ; on ne le garde dans les maisons que comme l'ennemi des rats et des souris, car il est dangereux pour les petits enfants. On dit que des chats ont dévoré de tout petits enfants, ou qu'ils en ont étouffé en se couchant sur leur poitrine. Le chat est un animal carnivore, c'est-à-dire qui se nourrit de chair ; par son séjour parmi les hommes, il s'est habitué cependant à la nourriture préparée de plantes.

Il voit aussi clair la nuit que le jour, et peut, dans l'obscurité la plus profonde, faire la chasse aux rats ou aux souris. Il s'attaque aussi aux petits oiseaux, plutôt par instinct sanguinaire que par besoin. Il a, comme tous les carnassiers, de très-bonnes dents ; les organes de ses sens sont très-développés, surtout la vue et l'ouïe , les doigts de ses pattes ont la forme de gaine qui renferme les griffes, qu'il rentre ou ressort à volonté. Son corps, souple, élancé, est couvert de poils de différentes couleurs.

Les chats les plus forts, les plus courageux, sont le lion et le tigre ; comme ils habitent un pays très-éloigné du nôtre et que nous ne les voyons que dans les ménageries ou en tableaux, nous ne pouvons étudier leurs mœurs, et nous nous bornerons à en parler d'une manière très-concise.

Le *lion* (tabl. I, 17). La noblesse et la beauté de sa tête, l'expression imposante de

son regard, l'ont fait surnommer le roi des animaux ; son empire s'étend en Afrique et dans
une grande partie de l'Asie. Tout ce qui vit trem-
ble et frémit lorsque, dans la nuit silencieuse,
au bord du désert ou dans la montagne, il fait
entendre sa voix puissante, semblable au grondement lointain du tonnerre. Rien n'égale la
vitesse de sa course ; malheur à l'animal qu'il
s'est choisi pour proie : d'un seul coup de sa
griffe puissante, il rompt l'épine dorsale du cheval. Les antilopes, les moutons, les singes sont
sa nourriture ordinaire. Au bord de l'eau, caché dans les joncs, il y guette sa proie : il se
couche à plat ventre comme le chat qui s'ap-
prête à sauter ; il n'attaque que les animaux
fuyants, car il peut faire des bonds de trente
pieds de long.

On dit qu'il n'attaque pas les hommes qu'il
rencontre par hasard, si ces hommes, sans
montrer la moindre crainte, le regardent fixement.

Quand il a faim et qu'il est irrité, il est terrible. Dans sa colère, ses yeux expressifs lancent des éclairs, ses sourcils touffus s'abaissent et se relèvent convulsivement ; sa crinière se hérisse, sa gueule s'ouvre et montre ses dents aiguës ; sa respiration devient un sifflement.

Son pelage est d'une couleur uniforme, jaune marron ; il a de 5 à 8 pieds de long sur 3 1/2 de haut ; sa queue, longue de 3 à 4 pieds, a au bout une touffe de poils. Le mâle a une crinière qui lui couvre presque tout l'avant-corps.

Autrefois, on prenait le lion dans des piéges ou des trappes ; maintenant, on le tue presque toujours avec le fusil. On peut s'imaginer à quels dangers s'expose le chasseur de lions, s'il n'est excellent tireur ; si l'animal n'est ni paralysé ni tué du premier coup, que fait-il de son agresseur ?

Quelques peuples du nord de l'Afrique apprêtent sa chair qu'ils mangent ; sa peau fait de magnifiques fourrures.

Le *tigre* (tableau I, 8) n'est pas d'une

couleur uniforme comme le lion ; son pelage jaune rouge a des rayures noires diagonales. Sans être aussi grand que le lion, il paraît plus long ; il n'a pas de crinière, et sa prestance n'est pas majestueuse comme celle du lion. Il habite les épaisses forêts de l'Amérique du sud et les Indes orientales.

Partout où il se montre, il est la terreur des hommes, des animaux; plus sanguinaire que le lion, il est aussi plus agile, plus courageux. Il a dévoré dans maints villages des Indes toute la population; aussi les princes indiens avec leurs soldats lui font souvent la chasse.

Le tigre africain ou la panthère est aussi plus petite que le lion; le léopard, de la même famille, est, comme le tigre américain ou jaguar, (nom allemand) celui qui se rapproche le plus du chat par la ressemblance.

Cet animal, par sa cruauté, peut être comparé au tigre africain. Très-dangereux aussi pour l'homme, il ne quitte les forêts que pour dévorer le bétail des prairies. On lui fait sou-

vent la chasse, car sa belle fourrure est très-recherchée et bien payée.

Dans les alpes de la Bavière est le *lynx*
(tableau I, 8), carnassier semblable au tigre,
grand destructeur des animaux de la forêt.
Nos petits carnassiers ont aussi, comme les
chats, des instincts sanguinaires.

La *fouine* (tab. I, 11), le *putois* (tableau I, 10), la belette et autres font la guerre
aux petits animaux et aux volatiles avec
la même ardeur que le lion, le tigre, aux
antilopes, aux bœufs et autrs grands animaux.

Par l'extirpation des grandes forêts, par la
culture des terrains et le perfectionnement des
armes à feu, les Européens ont détruit en
grande partie les animaux de proie ; à peine si
l'on trouve dans nos pays quelques petites espèces de fouines et de martres.

Nous avons encore le *renard* (tabl. I, 15)
qui joue dans les fables le rôle d'un adroit et
rusé voleur. Il appartient à la catégorie des

chiens. Notre chien domestique n'est lui-même qu'un animal de proie dompté; le renard ressemble beaucoup au chien à museau pointu. On le reconnaît à sa peau d'un jaune rouge, à sa queue longue à pointe blanche; il demeure dans le terrier qu'il s'est creusé lui-même, ou il prend possession de celui du blaireau. Ses dents indiquent qu'il est carnivore : aussi sa principale nourriture consiste en oies, canards, poulets, lièvres, lapins; il est friand de miel, de fruits et de raisins.

Il recouvre d'un peu de terre les restes de ses repas, comme le chien le fait quelquefois. Sa voix ressemble à celle du chien; il aboie et hurle comme lui; il est facilement attaqué de l'hydrophobie.

Le *loup*, aussi dans la catégorie des chiens, est, comme le renard, inapprivoisable; à quoi nous servirait-il étant dompté? Il n'a pas l'intelligence du chien; de loin, on le prendrait facilement pour un chien de berger ou de boucher; son pelage est d'un marron gris. La peau est recherchée comme fourrure de paletots, de manteaux d'homme.

Le loup a été presque entièrement détruit en Angleterre et en Allemagne. On le trouve plus souvent en France, dans les forêts de la Bohême et de la Moravie. En Russie, en Pologne, en Hongrie, ils sont par troupeaux et attaquent les chevaux, le bétail, les moutons, etc. Le loup affamé est très-dangereux pour l'homme.

La *hyène* tient du loup et appartient à la famille des chiens; elle vit en Afrique, et ne se nourrit que de chair corrompue; elle déterre même les cadavres d'homme et d'animaux pour s'en repaître.

Elle est lâche et craint l'homme : aussi elle ne l'attaque jamais. Les récits qu'on a faits sur sa cruauté sont donc mensongers.

Le plus grand animal de proie, carnassier de l'Europe est l'*ours brun* (tableau I). Il vit, l'été, dans les épaisses forêts, et l'hiver, dans les profondes cavernes; c'est un animal dif-

forme, à tête grosse, à museau conique, aplati
sur le devant. Dans son jeune âge, il se contente de racines, de baies, de raisins et de
fruits; plus tard, le naturel carnassier se développe en lui; alors, il vole bestiaux, chevaux,
cerfs, moutons; il est surtout gourmand de
miel. Il monte sur les arbres où se sont formés
des essaims d'abeilles, et se laisse plutôt pi-
quer par elles que de renoncer à satisfaire son
goût; il aime aussi les fourmis et le poisson.
Il n'attaque l'homme que quand il est excité,
provoqué. Pris dans sa jeunesse, il peut être
dressé et dompté. Alors, il marche debout se
tenant sur les pieds de derrière; il porte un
bâton dans la gueule et danse, etc. Pour ces
exercices, on le mène avec une chaîne passée
dans un anneau qui lui traverse le nez. Il naît
dans les pays froids ou tempérés de l'ancien
monde, mais à présent on ne le trouve plus
que dans les Pyrénées et les Alpes. Comme
chaude fourrure, sa peau est très-estimée. Le
plus grand, le plus féroce de tous les ours, est

l'*ours blanc* des mers glaciales polaires; grand destructeur de tous les animaux de ces contrées.

Le plus singulier des ours est l'*ours raton laveur* (tableau I, 12), de l'Amérique du nord, ainsi nommé parce qu'il a l'habitude de se baigner et de laver tout ce qu'il mange.

Dans nos forêts, on ne trouve qu'un seul animal de la race des ours, c'est le *blaireau* (tableau I, 14). Il habite, le jour, le terrier creusé par lui, et n'en sort que la nuit pour chercher sa nourriture, qui consiste en racines, fruits, raisins, grenouilles, souris. Poursuivi et pris par les chasseurs, qui le recherchent pour sa graisse et sa peau, s'il ne peut échapper, il mord avec rage.

IV. — ANIMAUX A BOURSE.

En 1779, le marin Cook a découvert un des plus curieux animaux; on le voit maintenant dans les ménageries : c'est le *Kanguroo* (tableau I, 19). De la classe des animaux à bourse, il tient le milieu entre les carnassiers et les rongeurs. La femelle a sur le ventre une espèce de poche dans laquelle elle porte les petits qu'elle allaite. Elle vit dans les prairies à hautes herbes de la Nouvelle-Hollande et, dans les grandes chaleurs, elle les quitte pour s'abriter dans les claires broussailles des rayons ardents du soleil.

Ordinairement appuyé sur sa forte et longue queue, il s'assied sur les pieds de derrière. Le jour, il marche à quatre pattes pour paître, l'avant-corps penché ; sa nourriture consiste en herbe et feuilles d'arbres. Il passe la nuit à dormir. Si on ne l'attaque, il est d'une humeur douce, et cherche toujours par la fuite à éviter le danger : il surpasse en agilité tous les animaux. En repos, s'aperçoit-il de quelque danger, d'un saut il s'élève, comme mû par une force surnaturelle, et par ses bonds successifs et rapides il fuit en un instant les légers lévriers qui ne peuvent l'atteindre.

Pour sauter et garder l'équilibre, il tient les

pieds de devant serrés au corps et la queue étendue horizontalement.

Les mâles, très-courageux, se défendent énergiquement avec leur queue et les pieds de derrière ; c'est pour cela qu'ils sont à craindre pour les chiens de chasse.

Les indigènes de la Nouvelle-Hollande savent avec une adresse et une habileté admirables leur lancer dans le corps le javelot.

Les femelles sont si poltronnes (à ce qu'on dit) qu'elles meurent de peur, quelquefois, quand on les attaque.

Cet animal a le poids d'un quintal et demi à deux quintaux. Comme sa chair est la meilleure de tout le gibier du pays, elle est d'une utilité inappréciable pour l'Australie, si pauvre en denrées alimentaires.

VI. — ANIMAUX RONGEURS.

Nous voyons souvent dans les maisons, les jardins, les champs, les forêts, de petits animaux, à queue longue et lisse, que nous reconnaissons de suite pour souris; leurs yeux vifs, intelligents, annoncent la hardiesse, et cependant elles sont si craintives, qu'au moindre bruit elles rentrent dans leurs trous.

La *souris* domestique, qu'on prend dans la souricière et qu'on peut alors regarder tout à son aise, est grise; son poil est très-doux; sa tête conique finit en museau pointu garni de longs poils formant une petite moustache; cet animal mignon est très-propre; très-souvent il s'assied sur les pattes de derrière pour se nettoyer le museau; il a les oreilles très-petites, mais l'ouïe très-délicate.

La souris a le goût fin, mais cependant se contente de tout ce qui est mangeable : pain, lait, beurre, fromage, pommes de terre, blé, farine, graines à fruits la régalent; elle se glisse non-seulement dans les gardes-manger pour y attraper de la viande, mais aussi dans les cheminées, où elle grimpe à l'aide de ses griffes, attirée qu'elle est par l'odeur du lard et des saucisses qu'on fume.

Dans les maisons où les souris pullulent, elles deviennent un véritable fléau. On a beau enfermer les vivres, cela ne sert de rien ; avec leurs petites dents pointues et fortes, elles rongent, elles percent les planches et les plâtres.

Comme tous les rongeurs, elles ont besoin de ronger, car leurs dents à ronger poussant toujours naturellement, elles les usent au fur et à mesure.

Malgré sa sauvagerie, la souris domestique, qui ne sort que la nuit, se laisse cependant apprivoiser ; alors elle vient prendre le pain dans la main, se sauve vite dans son trou et revient quand on l'appelle.

Il est dangereux de détruire les souris par le poison, car souvent elles le crachent sur des objets qui peuvent devenir nuisibles aux hommes et aux animaux ; il vaut donc mieux employer la souricière, ou s'en rapporter aux instincts du chat pour s'en défaire.

Il y a aussi des souris blanches aux yeux rouges. La *souris des champs*, grosse comme

la souris domestique, a la queue plus courte, le
pelage d'un gris jaunâtre; très-nuisible aussi,
l'hiver elle quitte les champs pour la ville, si
la subsistance lui manque. Elle fait dans les
champs des trous où elle garde sa provision de
blé; les années où leur nombre s'accroît, elles
détruisent quelquefois toute la récolte du blé;
pois, lentilles, vesces, pommes de terre, lui
servent aussi de nourriture; les germes des
semailles ne sont pas à l'abri de leurs ravages,
les blés sont détruits quelquefois avant d'avoir
poussé.

Heureusement, ces animaux ont une multitude d'ennemis : tels que chiens, chats, cochons, renards, fouines, hiboux, corbeaux.
L'humidité et le froid les tuent par milliers.

Une horrible souris est le *rat* (tab. II, 21),
au corps difforme et à longue queue; du double
plus grand que la souris, il fait peur et aversion
à presque tout le monde; plus nuisible encore
que la souris, puisqu'il fait plus de dégâts, il
amasse encore plus de nourriture dans son trou.

Il ronge tout ce qu'il rencontre sur son chemin, et, avec ses griffes, creuse les murs; souvent il attaque les petites volailles; on dit même qu'en Amérique des rats ont commencé à ronger un enfant malade abandonné par sa mère. Il est donc permis de tuer ces vilains animaux partout où on les trouve; mais c'est difficile, car ils se défendent et mordent cruellement : il arrive souvent que les chiens et les chats n'osent les attaquer.

Dans les grandes villes, on cherche vainement à les détruire entièrement; mais ils sont inexpugnables dans les endroits où ils se sont établis.

Quelques peuples nomades, tels que les bohémiens, mangent la chair de ces animaux immondes.

L'*écureuil* (tab. II, 2 et 3), beaucoup plus joli que la souris, est aussi un rongeur; il vit dans nos forêts; très-agile, il bondit d'arbre en arbre, se précipite de la cime d'un sapin jusqu'à terre pour regrimper encore plus vite;

il est facile à reconnaître à sa queue touffue
disposée en deux rangs. Pour éplucher une
pomme de sapin ou casser une noix, il s'assied sur ses pattes de derrière, avec un air ma-
gistral.

Il est d'un marron rouge, ou gris, ou noir; il
a une touffe de poils sur les oreilles, des griffes
pointues; il est petit, gracieux, mais plutôt
nuisible qu'utile, car il mange les jeunes bourgeons, les tiges des arbres, et même il détruit
les nids des oiseaux chanteurs; il en est qui
s'approchent des villes et des villages pour arracher des pommes et des poires dont ils ne
mangent que les pépins, après en avoir rongé
la pulpe.

Lorsqu'ils ont de la nourriture de reste, ils
établissent de grands entrepôts de provisions.
Ils vivent par couples, et chaque couple se
construit des nids de feuilles, de mousse et de
branches. La nuit, ils restent dans un de leurs
nids; les jours d'orage ou de grande pluie, ils
ne les quittent pas, et se laissent à peine voir à

l'entrée de leurs nids. La martre des forêts est l'ennemie acharnée de l'écureuil; elle l'attaque la nuit, le poursuit le jour d'arbre en arbre.

Quelques chasseurs le tuent à coups de fusil, malgré sa gentillesse; d'autres le prennent pour l'attacher à une petite chaîne et en amuser les enfants ou pour le mettre en cage; là, il est toujours disposé à mordre, le manque de liberté le rend méchant.

Le *loir*, semblable à l'écureuil, est un autre rongeur; on le trouve dans l'Europe centrale; il fait son nid dans le creux des arbres ou dans les fentes de rocher. Il dort tout l'hiver, comme la marmotte, qui vit en nombre dans les montagnes de la Suisse, du Tyrol, de la Savoie; il est de la classe des rongeurs. Lorsque ces petits animaux sortent de leurs trous, pour courir dans les prairies, plusieurs se placent en sentinelle, et, par un cri semblable à un coup de sifflet, préviennent le danger : alors tous disparaissent à l'instant.

Le *lièvre* (tab. II, 18) est aussi un animal rongeur. Plus connu que la marmotte, il vit dans les forêts. D'un naturel poltron, il s'effraye au moindre bruit, et, par une course rapide, il évite quelquefois le plomb meurtrier du chasseur, qui le poursuit avec persévérance pour la qualité de sa chair et pour sa peau, qui sert aux chapeliers et aux pelletiers. Il se nourrit de choux, de raves; en hiver, il ronge l'écorce des arbres, et par cela même les fait mourir.

Le lièvre est aussi haut qu'un chat, mais plus long ; sa couleur est grise, seulement les poils du bas-ventre et des cuisses sont blancs. Ses grands yeux ne sont recouverts qu'à demi par les paupières, ce qui a donné lieu de croire qu'il dort les yeux ouverts.

Les poils forts qu'il a au-dessus des yeux et sa longue moustache donnent presque un air martial à ce faux brave, surtout lorsqu'il fuit l'ennemi éloigné, ou que, dans une baraque de saltimbanques, on lui fait battre le tambour ou décharger un petit canon ; alors il a le physique de l'emploi.

Le lièvre a les pieds de derrière très-longs, peut courir en montant ; mais il est obligé de descendre par culbutes. En plaine, il échappe facilement, par son agilité, à l'arrêt du chien de chasse.

Le *lapin*, plus petit que le lièvre, vient de l'Espagne ; il s'est acclimaté et apprivoisé chez nous.

Les rongeurs les plus intéressants et les plus curieux à étudier sont les *castors* (tab. II, 19.) Leur adresse, leur activité sont célèbres ; avec leurs dents et les pieds de devant, ils bâtissent comme d'habiles constructeurs. Au milieu de l'été, ils s'assemblent en grand nombre pour bâtir leurs cabanes dans les parages marécageux, près des forêts et très-éloignés des habitations de l'homme, car ils le craignent. Ils ne travaillent que la nuit. S'ils ont trouvé une place qui leur convient et où l'eau reste toujours à la même hauteur, alors ils élèvent sur le rivage leurs maisons, ayant soin, avant, dans la crainte que les eaux ne baissent, de former, plus bas que leur demeure, une grande digue en pierres, troncs d'arbres, branches, terre glaise; par ce moyen, l'eau, ne pouvant s'écouler, garde toujours la même profondeur.

Leurs cabanes, très-solidement construites en bois, pierres, terre et sable, sont rondes ou coniques, à deux ou trois étages; l'extérieur en est propre. A l'intérieur, les planches sont couvertes d'un tapis de feuilles et de mousse, tenues avec grande propreté par les habitants. Chaque cabane a au moins deux entrées, dont l'une donne sur l'eau, l'autre sur la terre; là, ils cachent leurs provisions d'hiver, qui consistent en branches de bois tendre dont l'écorce leur sert de nourriture. Chez nous, ces animaux sont devenus très-rares, par les chasses fréquentes qu'on leur a faites pour leur peau très-estimée.

On en trouve encore beaucoup dans l'Asie tempérée, surtout près des rivières de la Sibérie; on les tue à coups de fusil, ou on les prend dans des piéges.

Un castor mesure, depuis la pointe du museau jusqu'au bout de la queue, trois pieds et demi à quatre pieds; la queue a elle-même un pied de long.

Son corps est gros, les pieds de derrière aussi; mais ceux de devant sont très-petits et ont de fortes griffes; les doigts des pieds sont palmés.

Sa queue, qui lui sert de gouvernail, est plate, arrondie au bout et couverte d'écailles.

Sa couleur est d'un rouge brun, brillant. D'après l'affirmation des chasseurs de castor, il est parmi ces animaux des paresseux qui ne veulent pas travailler à la construction des cabanes; aussi sont-ils maltraités et chassés par les autres. Ces paresseux vivent alors ensemble par troupes de 6 à 7 dans de simples creux, et se laissent facilement prendre dans les piéges.

VI. — MAMMIFÈRES SANS DENTS, OU BRÈCHE-DENTS.

Les plus singuliers des mammifères sont ceux auxquels les dents manquent entièrement ou qui sont brèche-dents. Ces animaux, stupides, paresseux, habitent, excepté l'Europe, toutes les autres parties du monde. Le plus connu parmi eux est le *bradypus*, sur lequel on raconte des choses fabuleuses. Il vit dans les forêts vierges de l'Amérique du sud, se nourrit de feuilles, de fruits d'arbre. On le voit rarement sur le sol, car il ne quitte presque jamais les branches entrelacées des forêts vierges, les longues griffes de ses pattes l'empêchant de marcher par terre.

Comparé au singe, ses mouvements sont si lents en grimpant qu'on lui a donné le nom d'animal paresseux. On prétend qu'il lui faut plusieurs heures pour monter sur un arbre, et il ne le quitte que dépouillé entièrement de feuilles ; pour s'éviter la peine d'en descendre, il se laisse tomber. Ceci est invraisemblable.

Les voyageurs modernes racontent que l'*unau* monte plusieurs fois par jour sur les plus grands arbres. Le plus paresseux de la famille est l'*ai*, nommé ainsi pour son cri lamentable.

L'*armadille* a, comme la tortue, le haut du corps revêtu d'une carapace ; elle vit dans les forêts et les plaines sablonneuses de l'Amérique du sud ; elle se nourrit non-seulement d'insectes, de termites, de fourmis, mais de plantes et de charogne.

Elle demeure avec ses petits dans les trous qu'elle creuse facilement. C'est un être excessivement stupide, recherché par les Indiens pour sa chair, qu'on fait cuire dans la carapace, faute de marmite.

Un bel animal de la même classe est le *fourmilier*. Depuis le museau jusqu'à la pointe de sa queue, longue de trois pieds et demi, il mesure plus de 7 pieds.

A l'aide de ses longues griffes, il détruit les fourmilières, et étendant sur les fourmis qui en sortent sa langue gluante et élastique, il la retire deux fois par seconde couverte de ces insectes : sa langue, de la forme d'un ver, toute sortie pour prendre les fourmis a 1 pied et demi de long. Sa chair est fort estimée des indigènes.

Un des animaux les plus remarquables créés par la main de Dieu est l'*ornithorynque* (animal à bec), de la même classe (1 pied et demi de long). Il habite la Nouvelle-Hollande, dans des terriers. La tête de cet animal se termine en un large museau à forme de bec, recouvert, ainsi que les lèvres, d'une peau cornée.

Dans la même contrée, l'ornithorynque aquatique se trouve toute l'année dans les rivières et les lacs : il se nourrit d'insectes et de petites écrevisses ; nage et plonge à merveille, et, comme les canards, secoue la tête en sortant de l'eau ; il se gratte avec les pieds de derrière, ainsi que font les chiens. Ces vifs animaux se creusent des trous sur les rivages. L'ornithorynque de terre est grand comme le hérisson.

VII. — MULTONGULES OU PACHYDERMES.

Dans les contrées à collines et à forêts ou dans les montagnes boisées se rencontre un animal féroce et courageux qui de plus en plus devient rare par les chasses qu'on lui fait : c'est le *sanglier* (tableau II, 15) ; sa chair est très-recherchée. Le *cochon* lui ressemble et est de la même classe ; seulement, les broches ou défenses, qui sont une arme terrible pour le sanglier, le cochon les a perdues peu à peu. Les sangliers et les cochons se distinguent par le long boutoir avec lequel ils fouillent la terre pour en tirer les racines, les tubercules dont ils se nourrissent. Ils vivent en troupeaux de 30 à 40, et sortent la nuit des forêts pour ravager les champs, les prairies. Même comme animal domestique, le cochon doit être enfermé et surveillé ; il n'aurait jamais été apprivoisé par l'homme, s'il était moins utile. L'excellent goût de sa chair et de sa graisse nous font oublier qu'il se roule dans la fange et se nourrit souvent des choses les plus répugnantes.

D'après Cuvier, le grand naturaliste, l'intelligence du cochon est égale à celle de l'éléphant, qui en cela n'est surpassé que par le chien. Les pieds du cochon ont quatre nœuds, dont ceux du dehors, plus petits et plantés plus bas, ne touchent pas la terre ; chaque nœud est recouvert d'un sabot. Le nom de pachyderme convient mieux à l'hippopotame, dont la peau, de l'épaisseur d'un pouce, est si dure, qu'elle est à l'épreuve de la balle. Cet animal, qui pèse autant que quatre ou cinq bœufs, habite l'Afrique et se tient dans les grandes rivières ; il marche et nage facilement dans l'eau.

Son corps difforme est porté sur des pieds courts et épais ; sur le sol, il a peine à traîner son ventre ; il se nourrit principalement de plantes, et fait dans les champs de grands ravages par sa voracité monstrueuse.

Le *rhinocéros* (tableau II, 16) est aussi un pachyderme de la même famille, car sa peau le protège des griffes du tigre ou du lion. Celle de l'hippopotame sert à faire des fouets excellents, et de celle du rhinocéros les Indiens en font des cannes, des boucliers. Il a sur le nez une corne. Il vit dans les Indes-Orientales. Dans l'Afrique est aussi une espèce de cet animal ayant deux cornes sur le nez. La chasse de ces animaux offre beaucoup de dangers ; l'hippopotame et le rhinocéros n'attaquent jamais, mais, provoqués, ils deviennent terribles.

Le troisième de la race de ces pachydermes géants est l'*éléphant* (tableau II, 17). C'est un des animaux les plus curieux ; sa hauteur étonne ; il ne pourrait se tenir debout dans une chambre basse ; un homme placé à côté de lui paraît être un enfant. Ses pieds ont la grosseur d'un tronc d'arbre, et de sa bouche sortent des dents pesant quelquefois 1 quintal et demi. Son nez, des plus curieux, se prolonge en une trompe puissante avec laquelle il fait des tours d'adresse merveilleux, tels que ramasser une pièce d'argent, tirer le bouchon d'une bouteille, en boire le contenu sans en laisser répandre une seule goutte, sonner de la trompette, talent musical qu'ont seuls les éléphants dressés.

Avec sa trompe, arme d'une force redoutable, il arrache les arbres, abat les plus grands animaux.

Du reste, l'éléphant a une force extraordinaire : il est prouvé qu'il fait crouler des murs et porte des poids de 4 à 5 mille livres.

Il est facile à comprendre qu'un tel géant (pesant près de 7,000 livres) doit avoir un grand appétit ; il consomme par jour 100 livres de foin, 50 d'autre nourriture, telle que pain, raves, pommes de terre ; il boit 25 litres d'eau : nous parlons des éléphants apprivoisés.

Ils habitent les Indes et l'île de Ceylan, et vont par troupeaux ravager les plantations de cannes à sucre, duquel ils sont très-amateurs ; apprivoisés, ils sont de chers pensionnaires ; non apprivoisés, on les chasse pour les tuer : leurs grandes dents, dont on tire l'ivoire, sont l'objet d'un grand commerce ; leur chair et leur peau sont utilisables.

VIII. — SOLIPÈDES.

Le plus beau de tous les mammifères est le *cheval* à l'état sauvage. Il vit en grands troupeaux dans les savanes de l'Asie et dans les plaines fertiles de l'Amérique. Il n'a pas l'allure élégante des races apprivoisées ; ses os sont saillants, son corps paraît difforme ; ce n'est que par les soins de l'homme qu'il devient noble et beau.

Combien cependant nous voyons de chevaux qui excitent en nous plutôt un sentiment de pitié que d'admiration ! C'est que ceux-là sont surchargés de travaux et ne reçoivent guère pour pitance qu'un peu de foin et plein la main d'avoine ; puis, pour leur peine, les coups de fouet multipliés du voiturier brutal. Mais regardez un cheval bien soigné ! Nul animal n'a été aussi richement doué par le Créateur.

Ferme sur ses pieds, comme s'il était coulé

en bronze, il est leste comme un chevreuil.
Son pas est sûr; il porte noblement la tête; le
front et le nez sont bombés; ses yeux vifs, d'un
noir éclatant, étincellent la nuit, et reconnaissent
vite l'ennemi.

Chaque bruit frappe ses oreilles, lesquelles,
se dressant en cornet, donnent par cela seul le
signal d'éveil à son cavalier. Sur son cou tombe
une soyeuse crinière; son poitrail est large,
bombé, et dans le danger il le présente fière-
ment; son corps uni et poli repose d'aplomb
sur ses pieds nerveux. Impatient, il piétine
avec ses sabots qui ont la dureté du fer; au
signe de son cavalier, il s'élance au galop avec
la vitesse de l'aigle, le cou tendu en avant : le
sol fuit sous lui, les arbres disparaissent à ses
côtés comme des ombres, sous ses pieds l'étin-
celle jaillit. A la vue du lion, il se cabre avec
fureur et lui fend quelquefois le crâne d'un
coup de sabot. Avec le guerrier, il court au-
devant de l'ennemi, mord sa bride d'impa-
tience, secoue sa crinière, hennit d'ardeur. Les

trompettes résonnent, il s'élance contre les armes étincelantes : il ne forme qu'un corps avec son cavalier. Ferme comme un roc, il reste au milieu de la fumée, du fracas, des coups de canons ; ni le bruit du combat, ni le sifflement des balles, ni les cris et les gémissements des blessés ne le font hésiter à avancer ; son cavalier tombé, il se range de lui-même avec les combattants, et court avec eux dans la mêlée.

En temps de paix, l'intelligent cheval sert le laboureur comme il sert le guerrier : il traîne avec obéissance la voiture et la charrue ; il porte le voyageur dans les sentiers des Alpes ; dans les steppes glaciales de la Sibérie, il traverse avec lui les déserts incommensurables. Toujours, en toute occasion, le cheval reste travailleur fidèle, marcheur infatigable, coureur habile, courageux compagnon de guerre. Depuis les plus anciens temps, l'homme apprivoise le cheval comme animal domestique pour ses qualités remarquables et sa grande utilité.

Les principales races de chevaux sont : le cheval arabe, anglais, français, russe, polonais, danois, allemand. Les plus petits chevaux se trouvent en Corse et en Écosse : grands comme de petits ânes, ils ne sont souvent montés que par des enfants.

L'*âne*, de même que le cheval, est un solipède, mais moins beau ; il n'a ni la vivacité, ni l'ardeur du cheval ; cependant, ses qualités le rendent apte à servir l'homme : toujours humble, tranquille, soumis, il marche lentement, sans se heurter contre les pierres, et porte son fardeau avec courage. Il se contente de chardons, d'herbes grossières, et malgré la nourriture la plus ordinaire, il reste patient et infatigable.

Le *zèbre* (tableau II, 6), un peu plus grand que l'âne, habite en troupeaux les forêts de l'Afrique ; agile à la course, il est farouche et difficile à dompter.

XI. — BISULCES OU RUMINANTS.

Une propriété qu'ont plusieurs de nos animaux domestiques, c'est qu'ils remâchent la nourriture qu'ils ont déjà prise.

Une certaine provision de nourriture se dépose dans la panse ou premier estomac, pour glisser dans le second, d'où elle remonte trempée et plus digestible dans le tube alimentaire où elle est remâchée.

C'est de cela que leur vient le nom de ruminants. On les appelle aussi bisulces, parce que chacun de leurs doigts de pied est entouré d'une substance cornée en forme de sabot. En eux nous avons une source de nourriture qui ne s'épuise jamais, car ils nous fournissent lait, viande, suif, cuir, quelques-uns servent de bêtes de somme.

Les peuples de l'Orient, par exemple, ne pourraient se passer du *chameau* et du *dromadaire*. On appelle ces animaux les vaisseaux du désert. Les Arabes et les Bédouins les tiennent en grand honneur.

Les caravanes de chameaux chargés de poids immenses traversent la mer de sable brûlant.

En dehors de cela, le chameau nourrit, vêt son propriétaire ; son lait gras et savoureux, sa chair (surtout celle des jeunes animaux) alimentent toute une famille ; de sa peau on fait des souliers, des harnais ; de ses poils, des vêtements, des tentes ; son fumier même sert de combustible dans les pays déboisés.

Le *lama* (tableau II, 5) de l'Amérique du sud ressemble beaucoup à un jeune chameau. Au Pérou, on l'emploie comme bête de somme et animal domestique.

La bête à cornes est, dans les climats tempérés, aussi nécessaire que le chameau dans les pays chauds. La *vache*, le plus utile des animaux domestiques, suffit presque à tous les besoins de l'homme. Elle nous aide à labourer nos champs, nous donne le fumier qui les engraisse ; de son lait, nous faisons le beurre, le fromage. Si l'âge ou la maladie l'a tuée, son corps est encore un héritage pour son propriétaire; tout en elle a son utilité : peau, poils, cornes, sabots, viande, graisse, os, se vendent.

Aussi elle se trouve partout où l'homme s'établit, excepté cependant dans les pays chauds et sablonneux de l'Arabie, où le chameau la remplace; et dans le nord, qui a le *renne* pour bête de somme. Où la vache a pu s'acclimater, elle a suivi l'homme; elle est donc répandue sur toute la terre. Ces bestiaux ont différents noms, d'après leur âge, leur sexe : jusqu'à l'âge d'un an, ils s'appellent veaux; après, taureaux, bœufs, vaches. Les bœufs sont principalement pour le trait ou pour l'engraissement, c'est-à-dire être engraissés pour la consommation.

Le *taureau sauvage* (tableau II, 10), qu'on ne trouve plus que dans les forêts de la Lithuanie, est regardé comme le producteur de notre bétail domestique. Dans les pays montagneux, la chèvre remplace le lourd bétail; leste, agile, elle grimpe mieux sur les montagnes, les rochers. Elle tire son origine de la chèvre sauvage des montagnes de la Perse ou des contrées environnantes. Toute petite, on la voit monter sur les tas de bois, de pierres, gravir les hauteurs d'où elle a beaucoup de peine à descendre, malgré sa témérité. Cependant elle n'a jamais ni peur ni vertige; elle passe tranquillement sur le bord des abîmes les plus profonds, sans que son pas perde de sa fermeté.

Le *chamois* (tabl. II, 1) et le *capricorne* des Alpes ressemblent à la chèvre, et la surpassent en agilité et en intrépidité.

Le chamois habite les Alpes de la Suisse, de la Savoie et du Tyrol, les Pyrénées et les Karpaths; ils vont paître en troupeaux de 50 à 80 sur les prairies voisines de ces mers de glace et de neiges éternelles.

Le capricorne, qui habitait autrefois en petites troupes les Alpes de l'Europe, est devenu très-rare. Comme le chamois, il saute avec une vitesse et une sûreté incroyables, de rocher en rocher, de précipice en précipice. Sa chasse offre autant de danger que celle du chamois; cependant le péril n'arrête pas les chasseurs courageux, qui tiennent à honneur d'avoir tué un chamois ou un capricorne; en outre, la peau, la chair sont payées très-cher.

Moins fatigante et périlleuse que la chasse dans les Alpes est celle des chevreuils, des cerfs, habitant nos forêts; ils appartiennent aussi à la classe des ruminants.

Les laboureurs les redoutent dans les terres où on les soigne; car ils nuisent aux champs et aux prairies. Leur chair est bonne, leur peau est très-utile.

Le *cerf* (tableau II, 11), de forme élancée, de haute stature, a quelquefois la grandeur du bœuf, et pèse de 4 à 500 livres.

Il est beau à voir quand il marche, la tête haute, ornée de cornes puissantes ramifiées, ou que, poursuivi par chasseurs et chiens, il franchit l'espace avec la vitesse d'une flèche; alors

pour lui n'est ni fosses trop larges, ni broussailles trop hautes.

Tous les printemps, il perd son bois; dix
semaines après, un nouveau, plus beau que
l'ancien, a déjà repoussé.

La femelle, *biche*, n'a point de bois, et les
jeunes mâles n'en ont que dans leur deuxième
année.

Le *chevreuil* est une petite espèce de cerf
dont le bois est proportionnellement plus petit
que celui du cerf.

L'*antilope* (tableau II, 12), la *gazelle* (tableau II, 7) ont de la ressemblance avec le
cerf, le chevreuil; seulement, leur bois ne
change pas.

L'antilope habite l'Arabie, et a la grandeur
du cerf.

La gazelle, l'Afrique du nord, la Syrie,
l'Arabie (en troupeau); elle est de la forme et
de la grandeur du chevreuil.

Dans le désert du Thibet, on trouve un
animal de l'espèce du cerf et de la grandeur du

chevreuil : c'est le *chevrotin porte-musc* (tableau II, 13). Il n'a pas de cornes, mais, par contre, il lui sort de la bouche deux dents plantées dans la mâchoire supérieure. C'est de lui que nous vient le musc, connu comme médicament.

De même que les cerfs peuplent et animent les forêts, ces jardins de la nature, la *girafe* (tableau II, 2) semble destinée à vivifier le désert. C'est le plus haut des animaux de terre : du sommet de la tête jusqu'aux sabots des pieds de devant, sa hauteur est de 19 à 21 pieds. Les Africains la tuent pour sa chair ; après les avoir apprivoisées jeunes, on les garde aussi dans les jardins.

Nous devons encore mentionner un animal de la classe des ruminants ; il ne se distingue pas par sa beauté ni son intelligence, mais plutôt par sa stupidité, sa paresse, sa lâcheté ; cependant il est très-estimé des hommes comme animal domestique : c'est le *mouton*, dont la toison procure de l'occupation et des vêtements à des milliers d'hommes. Sa viande est une nourriture saine ; de sa peau, on fait du parchemin et du cuir ; de ses boyaux, des cordes à instruments ; de sa graisse, des chandelles ; son fumier est très-bon pour l'agriculture.

Il tire son origine du *muffon* ou mouton sauvage, qui vit (non apprivoisé) sur les plus hautes montagnes de l'Asie, de la Grèce, ainsi que dans l'île de Sardaigne et la Corse.

Sa douceur, sa patience, sa bonté sont proverbiales, ainsi que sa naïve timidité. Un coup de fusil, un éclair ou le tonnerre l'effrayent. C'est un animal faible, il ne peut supporter aucune fatigue ; il aime la lumière et la musique, et les bergers assurent qu'il mange mieux quand il entend le son du chalumeau.

X. — PHOQUES.

Dans les mers du Nord vit le *calocéphale* (tabl. II, 22), animal qui diffère beaucoup des mammifères de terre. Ses pattes, en forme de nageoires, sont palmées. On l'appelle chien de mer, parce qu'il a la tête comme celle du chien, et qu'il aboie comme lui. Il est paisible, doux et curieux, mais aussi très-prudent et vigilant; il nage habilement sur le ventre, sur le dos, et revient tous les quarts d'heure à la surface de l'eau pour respirer. Il ne reste sur la terre ou les glaciers que pour allaiter ses petits ou se reposer au soleil. Aux habitants du nord, il est aussi indispensable qu'à nous les animaux domestiques. La chasse du phoque est la seule occupation sérieuse des Groënlandais (Esquimaux); ils cherchent à le surprendre sur le rivage et ils le tuent avec des lances, des harpons, ou en lui donnant un coup sur la tête. Sa chair, difficile à digérer, se mange; ils se servent de sa graisse pour préparer leurs mets; ils l'emploient pour s'éclairer et se chauffer pendant les longues nuits d'hiver. De sa peau, ils font des vêtements, ils en recouvrent leurs nacelles et leurs habitations. Ses os servent à faire des outils. Les phoques sont si nombreux, qu'on en tue par an un million et demi.

XI. — POISSONS MAMMIFÈRES (CÉTACÉS).

Chaque année, des navires bien montés partent des ports de l'Amérique, de l'Europe, principalement de l'Angleterre, pour explorer les mers glaciales. Périlleuse entreprise ! Que de navires perdus dans ces dangereux parages ! que d'hommes victimes de leur amour pour le gain, ou de leur téméraire courage ! Souvent le navire se brise contre les roches de glace ; d'autres, poussés par le vent, se trouvent pris entre deux montagnes de glace : là aucun secours humain ne peut sauver l'équipage, il doit mourir de froid et de faim, et cependant ces funestes exemples n'arrêtent aucun navigateur : les uns s'exposent à tous les dangers par amour de la science, d'autres, et c'est le plus grand nombre, par l'appât d'un riche butin.

Les eaux entourant les îles de glace sont sans cesse sillonnées par les navires de toutes les nations, pour la pêche de la baleine.

Une baleine se montre-t-elle, aussitôt un canot équipé de matelots va à sa rencontre.

Le harponneur, placé sur le devant, lance le harpon pointu dans la chair de l'animal ; s'il est blessé, il plonge avec une rapidité effrayante, mais il revient, pour respirer, à la surface de l'eau ; de nouveau on le blesse, jusqu'à ce qu'il ait cessé d'exister.

Alors on l'attache au navire ; les matelots montent sur son dos pour en ôter la graisse, qui a de 10 à 20 pouces d'épaisseur. Une baleine de grandeur ordinaire fournit toujours 20 à 30 tonnes, pesant chacune 20 quintaux, de graisse fondue.

Ses barbes, apprêtées et vendues, portent le nom de l'animal. Le poids d'une baleine va de 1,000 à 5,000 quintaux ; ses barbes, 10 quintaux.

Une baleine rapporte donc de 4,000 à 20,000 francs.

Les Groënlandais boivent l'huile de baleine et mangent la chair des petites ; de sa peau

ils font des vitres , de ses nerfs, du fil, et ses
os leur servent à bâtir leurs cabanes.

La baleine et quelques autres animaux de
sa classe, tels que le *cachalot* et le *marsouin*
(tableau II, n° 23), ont été autrefois rangés
dans celle des poissons; mais il est prouvé ,
par leurs qualités, que ce sont des mammifères.

II. — OISEAUX.

Les oiseaux forment la seconde classe des
animaux. Ils ont le bec cornu, le corps recouvert de plumes, deux ailes, deux pieds à nœuds
et à griffes ; le cou est long, les os creux et
minces, le sang rouge et chaud. Leur organe
digestif est le goître. Comme demeure, ils se
préparent un nid doux, dans lequel ils font
leurs œufs qu'ils couvent ; leurs petits sont soignés par eux avec sollicitude, jusqu'à ce qu'ils
soient couverts de plumes et puissent chercher
eux-mêmes leur nourriture.

Les oiseaux sont répandus sur tout le globe.
On les désigne d'après leur manière de vivre,

ou oiseaux de demeure, ou de volée, ou de passage.

Les oiseaux de demeure restent toute l'année où ils couvent ; les oiseaux à volée ne font que voyager dans les contrées environnantes quand la nourriture leur manque.

Les oiseaux de passage passent d'une partie du monde à l'autre.

L'utilité des oiseaux n'est pas pour nous aussi apparente que celle des mammifères ; mais, dans le grand établissement de la nature, ils sont indispensables : ils détruisent des quantités énormes d'insectes, de chenilles, de larves, de chrysalides ; ils mangent la charogne, prennent les souris, puis ils nous fournissent des œufs, des plumes, du fumier.

Leur chair excellente nous nourrit.

Quelques-uns nous charment par leur chant, leur plumage.

Les oiseaux de proie (d'eau — de marais) sont seuls nuisibles, parce qu'ils mangent les oiseaux de basse-cour et les poissons.

I. — OISEAUX DE PROIE.

On nomme généralement oiseaux de proie ceux qui ont le corps robuste, les griffes et le bec crochus. On distingue trois classes : *faucons, vautours, hiboux*.

Les faucons sont les plus courageux et les plus beaux de tous les oiseaux de proie ; car, dans leur classe, on remarque le roi des oiseaux, l'*aigle*, continuellement en guerre avec les autres grands oiseaux et les mammifères. Il s'élance du haut des airs, fond sur son ennemi, le saisit avec ses serres puissantes, l'enlève et l'emporte dans son aire placée toujours en haut d'un rocher inabordable ou dans une de ses cavités. Cette aire ou nid est construite d'une manière artistique, en branches, bâtons, etc., etc.

Comme premier du genre, nous désignons l'*aigle impérial*, qui a de 7 à 9 pieds, à ailes étendues ; il est haut de 4 pieds, et son poids est de 18 à 20 livres ; la femelle n'en pèse que 12. Son bec crochu, ses griffes noires, longues et pointues sont des armes terribles avec lesquelles il attaque et tue les jeunes cerfs, les lièvres, les dindes sauvages et d'autres grands oiseaux. Lorsqu'il plane dans les airs en décrivant des cercles de la longueur d'une lieue, ses yeux épient la terre pour y chercher sa proie, sur laquelle il tombe avec la rapidité de la foudre dès qu'il l'a découverte.

Son plumage est brun foncé, mêlé de rouille à reflets d'or. Ses grands yeux étincelants sont entourés de cercles jaune d'or. Il habite l'Asie du nord, l'Amérique septentrionale, l'Allemagne, la Suisse.

Pareil à lui, mais plus petit, plus difforme, est l'*aigle royal* (tabl. III, 1), qui vit en Turquie et au nord de l'Afrique.

De même que l'aigle impérial, c'est un voleur prudent, courageux, terrible; c'est pourquoi on le chasse à coups de fusil ou à l'épieu.

Les aigles deviennent très-vieux; à Vienne,

(Autriche), il en mourut un en 1789 qui avait été pris 104 ans auparavant.

Les faucons sont plus petits, plus faibles, mais aussi fiers, aussi indépendants que l'aigle.

Le *faucon-gentil* est élancé, beau et robuste. Autrefois, cet oiseau était dressé pour la chasse ; aujourd'hui, le fusil et la carabine nous rendent le même service d'une manière plus sûre. Comme l'aigle, le faucon élève aussi son vol jusqu'aux nuages et fond sur sa proie avec la vitesse de l'éclair ; il vole sur elle perpendiculairement et remonte dans les airs en l'emportant.

Il bâtit son nid sur les rochers inabordables des îles d'Island, du Groënland et de la Sibérie ; dans les hivers rigoureux, il vient quelquefois dans l'Allemagne septentrionale.

Il est reconnaissable à son plumage gris brun, qui pâlit de plus en plus, et devient tout à fait blanc lorsque l'oiseau est vieux.

La *crécerelle* (tabl. III, 3). Le haut du corps est tacheté de noir, rayé d'un rouge clair-rouille; lé bas, à taches brunes, à raies blanches et rouges. C'est un des plus jolis oiseaux de proie. Il habite toute l'Allemagne; il aime les forêts, les montagnes rocheuses, les vieux châteaux, les ruines, les hautes tours et même les parcs des villes. Oiseaux, souris, grenouilles, serpents, lézards, sont sa proie ordinaire; on en a vu casser une vitre pour attraper dans sa cage un canari.

Une espèce paresseuse de faucons est le *milan*, qui fait souvent des ravages dans nos basses-cours. Le *vautour*, lâche et stupide, n'attaque jamais les autres animaux; il ne se nourrit que de charogne, excepté le condor et le vautour des agneaux. Le premier, quand la faim le presse, attaque l'animal vivant; le second cerne, harcelle sa proie, la fait tomber dans un précipice, et mange son cadavre broyé.

Le *condor* n'habite que l'Amérique du sud; le vautour, dans l'ancien monde, où il est connu pour le plus grand oiseau de proie. Heureusement il ne se trouve que rarement en Europe, dans les contrées montagneuses et désertes des Alpes, de la Suisse et du Tyrol.

Le *vautour gris* (tabl. III, 2) habite aussi les montagnes de l'Europe méridionale. Il est reconnaissable à son collier de plumes qui entoure son cou pelé. On pourrait désigner les oiseaux ci-dessus nommés par le nom général d'oiseaux de proie diurnes, pour les distinguer d'une autre espèce appelée oiseaux de proie nocturnes. Ce sont les *hiboux*, qui habitent le creux des arbres, les ruines, les vieilles tours, et qui, par leur respiration bruyante, effrayent les gens superstitieux.

Volant sans bruit, ils sortent de leurs trous à la faible clarté du crépuscule ou à celle de la lune, pour manger des oiseaux, des souris, des insectes. Ils avalent os, poils, plumes, qu'ils rendent en boules. Ce qu'ils ne peuvent plus manger, ils le traînent dans leurs trous : ces provisions sont gardées pour les nuits orageuses.

Le *chu-chu* ou *strix bubo* (tabl. III, 4) est le plus grand des hiboux; il a des touffes de plumes derrière les oreilles : on l'appelle hibou à oreilles; il fait son nid sur les vieux arbres, dans les fentes de rochers, les ruines et les montagnes boisées. Son cri lugubre, *phuphuhu*, a donné lieu sans doute à la légende du chasseur nocturne. En Allemagne, le cri d'un autre hibou, l'orfraie ou strise, a fait naître une croyance superstitieuse : son cri, *kuimist*, ressemble à *komm mit*, venez avec moi. Les gens stupides croient que c'est un appel aux malades du voisinage; c'est pourquoi on le nomme *leichenhuhu*, poulet de cadavre.

Le *hibou voilé* est le plus beau de tous; le *hibou-moineau*, le plus petit (tabl. III, 5), vole aussi le jour, mais aussitôt il est poursuivi par tous les oiseaux comme tous les oiseaux de nuit; les corbeaux surtout chassent le hibou qui ose s'aventurer de jour : ils s'assemblent autour de lui, le taquinent, le harcellent; le

hibou ne se défend qu'en brisant son plumage, en faisant craquer son bec avec des contor-
sions burlesques.

II. — OISEAUX GRIMPEURS.

Dans les forêts, nous entendons casser le bois
ou le bruit de la cognée sur l'arbre; nous
croyons trouver un bûcheron à son travail;
nous avançons doucement et nous voyons un
oiseau qui, à l'aide de son bec, long et fort,
frappe le tronc d'un arbre pour en faire tomber
l'écorce. De temps à autre son cri, *glueglue*,
retentit, puis il s'envole aussitôt qu'il se voit
observé. Cet oiseau est le *pic* qui habite nos
forêts de sapins, nos bois feuillus. D'après sa
couleur, on le désigne par pic noir, pic bi-
garré, pic vert. Le pic ne frappe les arbres
que pour en faire sortir les insectes cachés sous
l'écorce; alors il étend sa langue gluante et
les avale comme proie bien méritée; si les insectes ne sortent pas des fentes, il y introduit
sa langue armée d'un hameçon, et le ver ou

la larve s'y suspend. Pendant ce travail, le pic vole autour du tronc, y monte vite, car ses pattes ont des griffes affilées, crochues; sa queue, forte et élastique, lui sert de point d'appui pour frapper contre les arbres.

Lorsque la neige couvre les forêts et le givre les arbres, ils vient dans nos jardins chercher les insectes des arbres fruitiers.

Le *coucou*, par rapport à ses pattes comme celles du pic, est de la même classe; seulement, le bec est plus courbé, la queue plus longue; son plumage est couleur cendre foncée, la queue noire tachetée de blanc. C'est à la mi-avril qu'on le voit dans nos forêts; le mâle annonce sa présence par le cri qui lui a donné son nom; la femelle ne fait que croasser. Tous les deux repartent en août.

Cet oiseau intéressant a de singulier qu'il ne se fait pas de nid; il fait ses œufs dans les nids des autres oiseaux, tels que fauvettes, hochequeues, rossignols; il laisse couver ses œufs et nourrir ses petits, qui, devenus forts, jettent hors du nid, pour avoir plus de place, toute l'autre nichée.

Les *perroquets* sont aussi de la classe des grimpeurs ; on les tient en cage comme amusement. Là ils font de burlesques mouvements : ils apprennent à dire quelques mots, à pleurer, à éternuer, à tousser, à aboyer comme les chiens, à miauler comme les chats ; ils se mettent facilement en colère, sont très-méchants, et l'on doit se garder de leur bec crochu. Ils viennent de la zone torride.

L'*arack* (tableau III, 10), le *cacadou*, se trouvent souvent dans les ménageries. Le *toucan* (tableau III, n° 12) ou mangeur de poivre, et le *perroquet à corne* (tableau III, 6), sont de cette classe et se distinguent par leur bec extraordinairement grand ; celui du dernier est orné d'une corne.

III. — OISEAUX CHANTEURS.

Au commencement du printemps, la nature se pare de couleurs variées et éclatantes ; les oiseaux que les rigueurs de l'hiver avaient chassés reviennent peupler nos bois, nos prairies, et les animer par leur chant mélodieux ; du matin au soir s'élève dans l'azur le doux chant de l'alouette : quelles suaves et délicieuses mélodies nous fait entendre le rossignol dans les nuits du printemps ! Le gazouillement de mille autres oiseaux ne sort-il pas de toutes les broussailles, de chaque arbre fleuri ?

Nous aimons les oiseaux chanteurs, car ils sont un grand ornement de la création ; ils sont très-utiles puisqu'ils détruisent un grand nombre d'insectes : c'est donc une action coupable de prendre, de détruire leurs nids, leurs œufs : on les force par là à s'enfuir dans les pays où les hommes les inquiètent moins. Ainsi nous sommes privés de leur chant harmonieux, et les fruits des arbres, rongés par les insectes, nous manquent.

D'après toutes les apparences, les oiseaux vivent heureux. Avant de sortir de la coque, leur berceau est préparé ; ils sont veillés et soignés par le père et la mère avec prévoyance. Quand leurs ailes sont assez fortes pour qu'ils puissent voler, alors ils font eux-mêmes la chasse aux insectes ; à la mue, ils deviennent maladifs, se cachent dans les broussailles jusqu'au renouvellement de leur plumage.

Le *jaseur* (tableau III, 14) quitte souvent le nord pour nos pays ; le *colibri* (tabl. III, 21) habite en grand nombre l'Amérique méridionale. Les couleurs prismatiques de son plumage l'on fait surnommer le bijou de la nature.

Le *jaseur* et le *colibri* ne sont pas des oiseaux chanteurs ; le premier est bête, paresseux et vorace.

Le Créateur a donné à chaque être des dons différents : à la simple fleur le doux parfum, à l'oiseau au plumage triste la voix mélodieuse. Nommons d'abord les meilleurs chanteurs. Le rossignol est le favori de tous les hommes qui aiment la nature ; par sa couleur ne ressemble-t-il pas au moineau, et malgré

cela, n'est-il pas le virtuose des oiseaux chanteurs ; et les alouettes et les fauvettes, ces mu-
siciennes admirées du laboureur, ne sont-elles
pas d'un gris terne ? Le rouge-gorge aussi n'est
pas très-remarquable par son plumage, marron en haut du corps, blanchâtre en bas, rouge
au front, au cou, à la poitrine ; mais son chant
est des plus agréables, puis cet oiseau est si
mignon, si gai, si plein de gentillesses, qu'on
aime à l'avoir en cage.

Le *roitelet* (tabl. III, 17), vêtu de brun de
deux nuances, foncé à la partie supérieure
du corps, plus clair à l'inférieure, vif, gai,
charmant par sa petitesse, tantôt il se perche au
sommet d'une maison, tantôt sur la cime d'un
arbre, ou il se glisse rapidement à travers les
broussailles et les haies les plus épaisses. Son
plumage, très-fourni, le garantit du froid ; en
hiver, il reste chez nous et son chant nous
charme d'autant plus que nous sommes privés
de celui des autres oiseaux, qui sont partis, ou
que le froid et la faim rendent silencieux.

Les *merles*. — Leur couleur principale est le noir, leur bec jaune ; ils tiennent aussi un des premiers rangs parmi les oiseaux chanteurs.

Le merle noir plaît généralement par son chant flûté, qu'il fait entendre du matin au soir dans les forêts ou près des villages, desquels, malgré sa timidité, il ose, en automne, s'approcher.

Les *mésanges* à joli plumage varié sont de l'ordre des chanteurs.

La *mésange charbonnière* a la tête à demi couverte d'un capuchon noir dont les bouts, formant mentonnière, courent le long du corps. Elle ne fait entendre son chant agréable qu'au printemps.

Oiseau querelleur, son instinct la pousse à ouvrir à coups de bec la tête des petits oiseaux pour en arracher la cervelle ; elle fait aussi la guerre aux abeilles, dont elle est très-friande.

Le *bec-croisé* (tabl. III, 18) à beau plumage, chante moins bien que les précédents ;

il habite le Hazurald (Allemagne). A Noël,
quand tous les oiseaux se taisent, il fait entendre son chant simple.

D'après la légende, le jour de la création,
le *chardonneret*, venu trop tard, a été peint
avec les restes des couleurs distribuées par
Dieu; c'est pourquoi le vert, le rouge, le bleu,
le noir forment un plumage à reflets cha-
toyants. C'est un vrai plaisir d'entendre son
chant et de le voir sautiller à travers nos
jardins. Il n'a pas peur des hommes, et son
nid de mousse, de laine, de chardon ou de
poils est toujours placé sur nos arbres fruitiers.

Le *serin*, le *linot* (tabl. IV, 12), le *bou-
vreuil* (tableau IV, 3,) et le *canari*, de même
famille, ont des couleurs moins variées, mais
ils chantent aussi d'une manière remarquable.

Si l'on compte, dans l'ordre des oiseaux
chanteurs, ceux qui ne font que gazouiller,
croasser, c'est que la forme de leur corps est
la même que celle des chanteurs de ce genre.

Nous avons déjà nommé le jaseur, le colibri, nous y ajoutons encore : les moineaux, hirondelles, étourneaux, corbeaux, pies, geais, houppes.

Les *moineaux* (tab. III, 23), par la forme du corps, ressemblent aux pinsons ; d'ailleurs, on les voit si souvent qu'il est inutile de les dépeindre. Ils valent mieux que leur réputation ; car s'ils nuisent à nos champs de blé, en revanche ils détruisent les chenilles de nos arbres fruitiers.

Les *hirondelles* sont aussi connues partout et rendent de grands et importants services à l'agriculture. L'*hirondelle de cheminée* (tableau III, 19) se distingue des autres par ses pattes à nœuds nus et par sa gorge et son front rouges.

Les *étourneaux* bâtissent leurs simples nids dans des arbres creux ou dans des boîtes en bois pendues pour eux auprès des maisons ; ils apprennent à chanter des mélodies et à dire quelques mots. On les aime pour cela.

Les *corbeaux* n'ont pour chant qu'un croassement enroué, mais ils sont très-utiles, car ils mangent les larves des hannetons, les vers, les souris. Il y en a de plusieurs genres.

La *corneille* est toute noire; le *freux*, d'une couleur à reflets vert et brun. Le *corbeau noir* (tabl. III, 9) est d'un noir brillant, c'est un des volatiles les plus intelligents, il peut être apprivoisé, alors on lui apprend à chanter.

Le *choucas*, d'un gris noir, se distingue des autres par son cri : *klak, klak*. La *pie* (tableau III, 7) est noire, à épaules et ventre blancs. Elle nuit en ce qu'elle vole les œufs, les petits des petits oiseaux, les jeunes poulets, les canards et même les pigeons dans les pigeonniers. Comme tous les corbeaux, elle aime à s'approprier ce qui reluit.

Le *geai* (tabl. IV, 5), de la grandeur et de la couleur de la pie, est un des plus beaux oiseaux de nos forêts. Il se fait remarquer par son cri, *raitch raitch*. Il imite aussi celui des autres oiseaux; comme il vole [les choses brillantes, apprivoisé, on le tient en cage, où il amuse par sa gaieté.

La *huppe*, oiseau très-original, a la tête ornée de deux touffes de plumes. Craignant beaucoup les oiseaux de proie, à leur approche elle se met par terre, à plat ventre, étend la queue et les ailes, la tête est renversée en arrière et le bec en l'air; ainsi posée, elle paraît être un chiffon de couleur, ce qui, n'éveillant en rien la rapacité de l'oiseau de proie, il passe outre.

Son chant n'a pu la classer parmi les oiseaux chanteurs, car il est de la plus grande simplicité : *houpp-houpp*, *vaice-vaice*, ou *herrrr*.

IV. — PIGEONS.

Dans les États occidentaux de l'Amérique du nord, se trouvent, dans les forêts, des parties d'une lieue d'étendue dont les arbres sont entièrement dépouillés de leurs branches, les broussailles sont détruites, et le sol, jonché de branches cassées, n'offrant aucun vestige d'herbe, est caché par une couche d'excréments de plusieurs pouces d'épaisseur. C'est la place du rendez-vous des *pigeons voyageurs*, qui, par millions, parcourent les États-Unis pour y chercher des faînes, du gros blé, des airelles. Lorsqu'à une grande circonférence de leur place il ne reste pour eux plus rien à récolter, ils émigrent à 60 ou 80 milles de là, et, bien repus, ils retournent le même jour au lieu du rendez-vous. L'endroit où ils couvent offre encore plus d'étendue que celui où ils se réunissent : chaque arbre a autant de nids que les branches en peuvent porter. Les Indiens regardent ces immenses pigeonniers comme un véritable bienfait, et viennent de grandes distances armés de fusils, de bâtons, de perches, de pots de soufre pour tuer les oiseaux ou pour en vider les nids. Les petits sont si gras qu'on en fait fondre la graisse, qu'on emploie dans les ménages. Le Créateur, en les douant d'un vol si rapide, leur a donné l'instinct de ne s'étendre que sur les parties du

monde non habitées ; s'il en était autrement,
ils mourraient de faim, ou consommeraient
toutes les productions de nos champs.

Nos pigeons, qui offrent plus de cent variétés
différentes, tirent leur origine du pigeon des
rochers de l'Europe méridionale ; moins destructeurs cependant que les pigeons voyageurs, ils feraient de grands dégâts dans nos
champs, si on ne les enfermait pas pendant
le temps des semences. Si l'homme en a fait
un animal domestique, c'est plutôt pour leurs
formes gracieuses, leur propreté, leur douceur, que pour leur utilité.

Le plumage de quelques-uns est gris, rouge,
bleu, blanc et noir. Tous les genres de pigeons sont de grandeur moyenne et de forme
élancée et robuste ; ils ont un goître très-large,
dans lequel ils trempent leur nourriture qui
consiste en graines. Ils boivent en suçant, et
mettent dans l'eau le bec jusqu'à la racine,
au lieu que les poules, auxquelles ils ressemblent un peu, boivent en puisant.

Parmi les genres non apprivoisés, les plus connus sont : la *tourterelle*, *à collier*, qui vit de préférence dans les forêts de sapins, se nourrit de graines de pins et nuit par cela à la reproduction de ces forêts ; aussi est-elle le point de mire des chasseurs, qui la punissent de ses méfaits, en savourant sa chair délicate.

Le *ramier* (tableau III, 22), plus petit que la tourterelle, cherche aussi par terre sa nourriture, et mange autant de grains de blé qu'il en peut trouver. La tourterelle tire son nom de son cri, *tour-tour*. Elle habite généralement les forêts de pins, de pinastres ; elle est, comme les genres ci-dessus, un oiseau de passage qui nous quitte en septembre pour revenir en avril. Par la douceur de leurs mœurs et l'amour qu'elles ont pour leur couvée, on les prend, depuis les temps anciens, pour emblème de la tendresse.

V. — POULES (GALLINACÉS).

Parmi les oiseaux domestiques, les plus utiles pour nous sont les *poules*, qui offrent une grande variété d'espèces. Plus sobres que les pigeons, la chair des petits poulets est aussi plus délicate. Mais c'est surtout pour les œufs qu'elle nous donne que nous apprécions tant la poule commune. Toute bonne ménagère regarde une bonne poule comme une grande ressource. Le vol des poules est beaucoup plus lourd que celui des pigeons, la construction de leur corps étant plus robuste.

Le plumage lisse est, chez le mâle, de couleurs variées, magnifiques, vives, tandis que celui de la femelle est simple et souvent sombre.

Voyez notre *coq* domestique au milieu des poules de la basse-cour; par sa démarche imposante et altière, ne semble-t-il pas pénétré de sa toute-puissance sur ses humbles sujettes? L'élégance de sa longue queue en panache, l'ardente couleur de sa crête augmente encore sa gloriole. En chantant, il bat des ailes; s'il entend le chant d'un autre coq, il le provoque par son cri, et s'avance prêt à combattre celui qui ose essayer de pénétrer dans son empire, car, là, il est seul souverain maitre.

Ce héros chevaleresque tire son origine du coq du Japon ; répandu sur tout le globe, il présente une grande variété d'espèces.

Depuis le milieu du XVIe siècle, le *dindon* ou *coq de l'Inde* est acclimaté dans nos pays. Il vient de l'Amérique. Son plumage est d'un vert-brun à reflets de cuivre ; dans notre pays, il a pris différentes nuances. On l'engraisse pour l'excellence de sa chair. Il est bête, querelleur, et n'aime pas le rouge, ni les coups de sifflet. Les enfants doivent se garder de l'exciter ; courroucé, il est dangereux.

C'est souvent dans sa colère qu'il fait la roue comme le *paon*, qui, originaire des Indes-Orientales, est de la même espèce que les poules. Oiseau superbe, il fait l'ornement des grandes basses-cours et des jardins.

Lorsqu'on le regarde, il déploie avec orgueil sa queue en roue, afin d'en faire admirer toutes les beautés. Il est très-emporté, méchant ; il blesse à coups de bec les animaux, les poules, quelquefois les enfants à la tête et aux yeux.

Le *faisan*, de la même famille (tabl. IV, n° 20), vient de l'Asie; il se laisse peu apprivoiser, mais comme sa chair est très-savoureuse, les princes les font garder dans un jardin réservé pour eux, nommé faisanderie. Les *gélinottes* et les *perdrix*, fournissant à nos gourmets d'excellents rôtis, deviennent le but de tous nos chasseurs.

La perdrix ne se trouve que dans les champs de blé et les broussailles, jamais dans les forêts ; elle a la grosseur d'un poulet de six mois ; elle vit en nombre de 15 à 20; on ne la chasse qu'en automne, car, alors, les petits sont bien nourris et dévoleppés.

La *caille* (tabl. IV, n° 6), d'un brun plus clair que la perdrix, est fort recherchée ; pendant les excursions, on la prend généralement aux filets.

Le mâle, dont le chant clair et pur le fait souvent mettre en cage, ne peut vivre enfermé ; il se débat avec tant de violence dans sa prison, qu'il se brise la tête. La caille est le seul gallinacé voyageur.

Le *coq de bruyère* (tableau, IV, 2,) habite, comme oiseau de demeure, les grandes forêts de pins, de sapins du centre et du nord de l'Europe ; c'est un fort bel oiseau, mais nuisible aux arbres, dont il mange les bourgeons ; les baies, les herbes, les insectes dans les autres saisons.

Les coqs de bruyère, prudents, craintifs et vigilants, sont très-difficiles à prendre ou à tuer ; ils se retirent toujours dans les plus profondes solitudes. Les jeunes sont très-recherchés du chasseur pour leur chair d'un goût sauvage et fin.

Depuis plusieurs années, on voit dans nos basses-cours une espèce de gallinacés d'une grandeur extraordinaire. Ces hôtes singuliers nous viennent de la Cochinchine, État du royaume d'Annam. En 1848, les premiers furent offerts à la reine d'Angleterre ; au commencement de leur importation en Europe, ils étaient au prix fabuleux de 400 francs le couple. Répandus peu à peu en France et en Allemagne, ils ne sont plus regardés comme une rareté. Leur chair, tendre et savoureuse, est recommandée comme saine et digestible : ces poules donnent un tiers de plus d'œufs que les autres, cependant les nôtres offrent autant d'avantages, car elles mangent moins. *Les poules cochinchinoises* conviennent bien dans les grandes fermes : elles trouvent une nourriture abondante sur les fumiers, et peuvent courir dans les champs. Un coq adulte pèse 12 à 15 livres. Sa voix est si pénétrante, en chantant, qu'on l'entend à une demi-lieue de distance. Les poules cochinchinoises ne sont pas très-belles ; leurs pattes sont trop fortes, leur plumage trop uniforme, jaune cuir ou rougeâtre, il y en a aussi de toutes blanches et brun foncé ; leurs œufs, brun-rougeâtre, à coquille épaisse, sont plus gros que ceux de nos poules.

VI. — CURSORIPÈDES (OISEAUX COUREURS).

L'*autruche* (tableau IV, 1), le plus grand des oiseaux, habite dans les parties les plus chaudes, les plus solitaires de l'Afrique ou au bord du désert de l'Arabie. Elle ne peut voler, mais sa course est plus rapide que celle du cheval le plus agile. Elle atteint la hauteur de 7 à 8 pieds et le poids de 80 à 90 livres. La timidité et la douceur sont les traits les plus saillants de son caractère. Elle se laisse facilement apprivoiser et même dresser pour servir de monture. Elle vit d'herbages, mais elle avale aussi des pierres, du cuivre, du fer, pour faciliter sa digestion, comme les autres oiseaux avalent du sable. Elle prend les plus grandes précautions pour cacher son nid, ne s'en approche jamais directement, mais en faisant des détours. Le nid forme dans le sol une cavité entourée d'un rempart de terre, il contient jusqu'à 30 œufs, et chaque œuf, pesant 3 livres, offre l'équivalent de 24 de nos poules ; ces nids sont, pour les Africains, une riche ressource : tous les deux ou trois jours, ils vont prendre ce qu'il leur faut pour leur ménage. Ils doivent agir avec prudence, car si l'autruche s'aperçoit qu'on lui prend ses œufs, elle détruit son nid, et fait sa couvée ailleurs.

Les Arabes se servent des coques de ces œufs pour faire des gobelets, des tasses, des bols. Les plumes de la queue et des ailes, après avoir été préparées, ornent la coiffure des dames. L'Amérique méridionale fournit aussi une espèce d'autruches facile à prendre aux lacets, car elle n'est ni sauvage, ni timide.

Le *casoar*, au corps plus robuste et à pieds plus courts que l'autruche, est un animal sauvage et fougueux. Il grogne comme le cochon, et se défend à coups de pieds et de bec. Ses plumes sont comme le crin du cheval, et ses ailes se composent de cinq fortes épines. Il n'est d'aucune utilité.

VII. — OISEAUX DE MARÉCAGE (LIMNOPTÈRES).

De même que les cursoripèdes, ils ont aussi, proportionnellement à leur grandeur, les pattes excessivement longues et hautes, ainsi, ils peuvent, sans mouiller leur plumage, sans embourber leur corps, marcher dans la fange la plus profonde et chercher leur nourriture sur le bord de l'eau ou dans les endroits couverts de limon. Grâce à la longueur de leur bec et de leur cou, ils saisissent lestement les petits animaux aquatiques.

Les plus grands limnoptères sont les *hérons*, parmi lesquels nous citerons la *cigogne blanche* et le *héron cendré*.

Le *héron cendré* (tabl. IV, 16), qu'on trouve dans toute l'Europe, habite près des rivières, des lacs et se nourrit de poissons.

Il est gris cendré bleuâtre et le bas du corps blanc. L'avant-cou est orné de trois rangs de taches noires, et la partie postérieure de la tête d'une touffe de plumes noires. Les hérons font leur nid sur de hauts arbres ou sur le versant des rochers. Leurs colonies, de 6 à 100 nids, se nomment héronnières ; ce sont des oiseaux de passage qui ne séjournent chez nous que de mars ou avril jusqu'au mois d'août.

La *cigogne blanche* est le plus grand oiseau de notre patrie, par sa longueur, sa hauteur, de 3 à 4 pieds: son plumage, d'un blanc sale à la queue, et les ailes noires. La *cigogne noire* habite l'est de l'Europe ; son plumage est noir brun ; elle est belle à voir quand elle traverse majestueusement les prairies marécageuses en embrochant avec son bec roux les serpents, les poissons, les grenouilles et les lézards ; elle mange aussi des souris, des taupes ; aussi l'attire-t-on près des villages en plaçant sur le sommet d'une haute maison une roue ou croix de bois. Alors la cigogne, en compagnie de sa femelle, bâtit là son nid. Elle se tient tantôt sur une patte, tantôt sur les deux, en regardant gravement en bas ou en faisant claquer son bec si bruyamment qu'on l'entend de loin.

7

Tous les ans les cigognes reviennent où elles se sont établies une fois. Le mâle arrive le premier ; s'il trouve son nid endommagé, il le répare avec des branches sèches. Alors vient la femelle, qui, peu de temps après, pond de deux à cinq œufs, couvés par tous les deux, chacun à son tour, pendant trois semaines. Si les petits n'ont plus assez de place dans le nid, le plus faible est toujours poussé hors, et se tue en tombant à terre.

Avant leurs émigrations pour l'Afrique, elles se rassemblent pour essayer la force de leur vol et passer une certaine revue ; après elles tuent les jeunes et les vieilles qui ne pourraient supporter le voyage.

L'*ibis*, au bec droit et peu crochu, semblable aux hérons et aux cigognes, est célèbre par le culte que les Égyptiens lui rendaient ; ils le mettaient dans leur temple et l'adoraient pour son utilité ; il en était ainsi des Mongols et des Kalmouks pour les *grues* (tabl. IV, 8), qui habitent en été les grands marais du nord de l'Europe, et en automne, en grands troupeaux, se dirigent, en jetant des cris, vers l'Afrique et l'Asie méridionale.

Jusqu'à présent les chasseurs ont respecté la vie des grues. Est-ce par la crainte d'encourir le blâme, ou cet oiseau n'est-il pas même digne d'un coup de fusil ? Cependant, s'il n'offre aucun avantage, il nuit aux abeilles et aux couvées des petits oiseaux qui font leur nid par terre.

C'est ce qui a été prouvé récemment.

Tous les oiseaux de cette classe n'ont pas le bec et les pieds aussi longs que les limnoptères déjà nommés. Dieu a eu le soin de former chaque espèce d'après le genre de nourriture qu'elle doit chercher. Aussi la *grande outarde* (tabl. IV. 10), à pieds robustes et hauts, a le bec comme celui des poules, parce qu'elle se nourrit de graine. Cet oiseau, le plus grand qui existe en Allemagne, se trouve en Thuringe par troupeaux de 10 à 60, l'automne et l'hiver, dans les champs de raves, qu'elles endommagent en mangeant les racines. Le mâle, comme le coq d'Inde, fait la roue avec sa queue; il se distingue de la femelle en ce qu'il est plus gros.

La *bécasse* (tableau IV, 7) a les pieds courts, mais le bec assez long, car elle cherche les vers, les insectes dans les forêts marécageuses, auprès des eaux. Elle vient chez nous en mars; en automne, elle retourne en Afrique; à sa venue dans nos pays, on la chasse comme un excellent gibier. Le *vanneau* (tableau V, 11), au bec court, a les pieds très-légers; aussi c'est un habile coureur dans les prairies marécageuses, et où il couve: il se distingue par son gracieux plumage noir; c'est un oiseau voyageur.

La *poule d'eau* (tabl. IV, 9) se reconnaît comme habile plongeuse et nageuse à ses pieds demi palmés. Elle se trouve partout sur les lacs, les étangs, et, comme toutes les poules d'eau, elle bâtit son nid de roseaux et de joncs.

VIII. — LES PALMIPÈDES.

Nous voyons souvent sur nos lacs, nos étangs, un oiseau dont l'éclatante blancheur, le gracieux des mouvements, la forme élancée, éveillent notre admiration. C'est le *cygne*. Majestueux, il glisse sur les eaux, sans que l'action de ramer nuise à l'harmonie de l'ensemble. Ses ailes, soulevées légèrement, semblent les voiles d'un navire enflées par le vent ; chaque courbe onduleuse de son cou révèle une grâce. Tout en lui est dignité, attrait, charme.

Il est beau de voir sur les eaux limpides ces oiseaux traversant d'une rive à l'autre ; le paysage prend par leur présence un air de calme et de paix.

Ils tirent leur origine du cygne sauvage ou chanteur (tableau IV, 20) ; ils viennent des mers orientales de l'Europe, principalement de la mer Caspienne et de la mer Noire. En hiver ils retournent vers les eaux méridionales ; en voyage ils font entendre leur voix retentissante qui a les sons du trombone ; elle résonne d'aussi loin que les cloches. Les cygnes sont de l'ordre des canards et des oies, et ils cherchent leur nourriture dans l'eau ; c'est pour cela que leurs pieds sont formés comme des rames : chaque doigt de pied tient à l'autre par une peau ; ils ne sont d'aucune utilité, ils embellissent les lieux où ils se trouvent.

Notre *oie domestique* est une richesse ; sa chair, ses œufs, sa graisse, ses plumes font la joie des ménagères. Son origine vient de l'*oie grise* ou *sauvage* (tableau IV, 22), qui habite au centre et au nord de l'Europe les grandes eaux couvertes de roseaux. En hiver, elle se dirige vers le sud en troupeaux réguliers.

Notre *canard domestique* tire son espèce du *canard sauvage*, qui quitte en hiver les contrées septentrionales pour envahir nos marais, nos étangs, où le chasseur le guette et le tue pour sa chair excellente. La *macreuse* (tableau IV, 19) couve dans nos étangs, mais elle n'est d'aucune utilité pour le ménage. Le *pélican et l'alcyon* sont originaires du canard.

Le *pélican* (tableau IV, 15) a sous le bec une espèce de poche dans laquelle il met les poissons qu'il conserve, pour les manger un à un. Il habite la Moldavie, la Valachie. *L'alcyon* (tabl. IV, 18) *plongeur* habite le nord ; on fait des fourrures de col avec son plumage de gorge. Le pélican et l'alcyon nagent moins bien que le *pingouin*, qui vient des mers glaciales ; il nage avec une vitesse incroyable. Sur le sol, on le prend facilement, car il lui est impossible de se sauver : ses pieds sont tellement en arrière, qu'en marchant le poids du corps le fait tomber en avant ; il ne peut se tenir debout qu'à l'aide de sa queue qui lui sert de point d'appui ; ses ailes à courtes plumes, semblables à des écailles, sont comme des nageoires, ce qui l'empêche de voler.

Les *alken* (nom allemand, introuvable) ressemblent aux pingouins, bien qu'ayant les ailes plus longues ; ils ne peuvent que nager et marcher. Ils habitent en troupeaux le nord ; ils couvent ensemble dans des trous de terre ; les habitants des côtes déterrent leurs nids pour les petits œufs, fort délicats. Le *perroquet de mer* (tableau IV, 21), est de cette classe, gros comme un pigeon de mer, il a beaucoup de rapports avec le perroquet dans ses manières.

Les *mouettes* et *hirondelles de mer* sont aussi de l'ordre des palmipèdes, bien que leurs ailes longues et fourchues indiquent qu'elles sont plutôt destinées à vivre dans les airs que sur l'eau.

Les *oiseaux de tempête* (pétrels) ont aussi un vol infatigable.

L'*hirondelle de mer* (tableau IV, 13), dont le cri est *krek krek*, se nourrit d'insectes, de poissons ; on la voit souvent aux bords des mers intérieures de l'Allemagne.

La *mouette commune*, qui habite par troupeaux les côtes du nord, se nourrit d'insectes et de vers ; on la trouve aussi en Allemagne, dans les îles du Rhin, au lac de Constance, au Zuyderzée, où elle couve.

La *mouette à mantelet* (tableau IV, 14) ne fait son nid que dans le nord ; elle mange les œufs des autres oiseaux, et a de particulier qu'elle enlève toujours aux autres la proie qu'ils ont trouvée.

III. — Les Reptiles.

Les *reptiles* sont des pays chauds et humides ; les uns vivent sur la terre, d'autres dans l'eau ; quelques-uns sur la terre et sur l'eau, et se nomment amphibies ; leur sang est rouge et froid ; ils ont des poumons respiratoires et sont ovipares, c'est-à-dire font des œufs. Le mot reptile veut dire rampant.

I. — LES REPTILES.

Les *tortues* ressemblent au crapaud enfermé dans une écaille formant le bouclier, et de laquelle la tête, les pieds et la petite queue sortent.

Elles viennent des pays chauds, et sont montrées dans nos ménageries pour la singularité de leur forme. La cuirasse ou carapace qu'elles portent n'est que la structure des os, semblable à celle de l'intérieur du corps des mammifères et des oiseaux; la partie supérieure représente les côtes, les parties inférieures forment les os de la poitrine. Côtes et poitrine sont encore recouvertes de grandes et petites écailles en bouclier.

Il y a des *tortues* de terre, de rivière et de mer. Les tortues de terre peuvent retirer sous leur carapace la tête et les pieds. La plus connue des tortues est la *tortue grecque*, qui vient non-seulement de la Grèce, mais de l'Italie et des îles de la Méditerranée. On la trouve dans les forêts; on en a dans les jardins comme destructrices des limaces, des insectes, des vers.

Elles ne vont jamais dans l'eau, car elles ne peuvent nager.

La *tortue* de rivière diffère de la tortue de terre en ce qu'elle ne peut rentrer entièrement sous son écaille la tête et les pieds, et qu'elle est bonne nageuse; son nom de rivière ne lui

est pas bien applicable, car partout où elle se
trouve, soit au nord-est de l'Allemagne, soit au
midi de l'Europe, elle ne vit que dans les contrées marécageuses ou dans les eaux stagnantes.
Elle quitte souvent l'eau pour la terre, et la
terre pour l'eau ; aussi, dans les jardins, doit-
on lui construire un bassin.

La *tortue géante* (tableau V, 10) ne peut
retirer sous sa carapace sa tête et ses pieds,
lesquels pieds, semblables à des nageoires, la
font nager assez habilement pour une tortue.
Elle habite, comme tortue de mer, les mers
tropicales, elle y vit en grands troupeaux, et
se nourrit de varech.

Est-ce la pesanteur de la carapace qui rend
la tortue de terre si lente à marcher, si peu
agile qu'elle ne peut se relever une fois tombée
sur le dos, si on ne lui vient en aide en la re-
mettant sur ses jambes ? Cependant elle a assez
d'instinct pour se cacher sous sa cuirasse, au
moment du danger. Leur reproduction est
étonnante ; une seule femelle pond souvent

cent œufs. Mais comme elles ne sont pas nuisibles, on les laisse vivre ; il y en a quelques espèces dont l'écaille est si belle qu'on l'emploie à faire des peignes, des boîtes, et même des bijoux. C'est surtout celle de la *tortue caret*, habitant les mers de la zone torride.

Le dos de cet animal étant la partie la plus belle de l'écaille, c'est celle qu'on emploie pour être travaillée. Avant, on la tient au-dessus d'un feu de charbon, et les écailles, s'aplatissant horizontalement, se détachent avec facilité ; puis, en les ramollissant dans l'eau chaude, ce qui les rend ductiles, on en fait ce qu'on veut, car la matière est devenue souple comme une étoffe.

Le travail achevé, elle reprend sa fermeté primitive ; elle est vendue aussi sous le nom d'écaille.

L'animal parvenu à sa croissance fournit jusqu'à 8 livres. Les plus grandes quantités d'écailles viennent des Indes Orientales.

Les œufs des tortues sont gros comme ceux

de pigeon ; on les mange, ou l'on en fait de
très-bonne huile. La chair est très-délicate et
fort recherchée pour les soupers à la tortue.
La graisse sert à éclairer ; la chasse des tortues
géantes est la plus avantageuse.

Ces tortues atteignent de 6 à 7 pieds de
long ; elles pèsent 8 quintaux.

II. — LES LÉZARDS.

A la campagne, sur les pentes les plus exposées au soleil, n'entendez-vous pas quelque
léger bruissement des herbes et des feuilles
sèches sans que la brise l'ait causé ? Vous tres-
saillez, craignant l'approche d'un serpent, mais
votre effroi se calme à la vue du petit animal
tout à fait inoffensif, craintif, qui se sauve de
vous, et va se cacher sous la mousse, les feuilles, les herbes, les pierres, après vous avoir
regardé fixement. C'est le *lézard*, dont la peau
écaillée, d'un marron clair, a sur le dos trois
rangs de taches noir brun ; le bas ventre est
jaune vert pointillé ; au printemps et en au-

tomne, il fait peau neuve ; c'est-à-dire qu'il perd l'ancienne pour se revêtir de la nouvelle. C'est un gentil petit animal, le lézard ; on peut le prendre dans la main sans aucun danger ; il n'est point venimeux et est utile dans les jardins, en détruisant les insectes nuisibles.

L'hiver, il se cache dans un trou et il tombe dans un engourdissement qui dure jusqu'au printemps, quand la chaleur du soleil le fait sortir. Si on coupe la queue du lézard, elle repousse vite ; si on la fend, elle reste fendue.

La cigogne, la boudre, le hérisson, la fouine en font leur pâture.

Le *crocodile*, terrible lézard, est de diverses espèces ; il habite les rivières, les étangs, les eaux stagnantes de la zone torride ; agile, leste dans l'eau ; sur la terre, lourd et inhabile ; il se nourrit de poissons, grenouilles, tortues et d'autres animaux aquatiques. Mais une fois qu'il a goûté la chair humaine, il la préfère à toute autre ; il attaque aussi les grands mammifères : il avale sa proie, ou tout entière, ou arrachée par morceaux.

Les crocodiles sont très-difficiles à tuer, car aucune balle ne peut pénétrer la peau écaillée du dos ; seulement le bas-ventre est vulnérable.

En leur tirant dans l'œil on les tue de suite ; on les prend avec de forts hameçons, ou des fers pointus ; ils font leurs œufs sur le sable des rivages, afin que le soleil les fasse éclore ; ces œufs, gros comme ceux de l'oie, sont, comme la chair de l'animal, immangeables. De sa peau les Américains font des bottes, des souliers ; ils se servent aussi de sa graisse.

Les espèces les plus connues sont : le *crocodile du Nil* et le *grand alligator* (tableau V, 13), qui vit dans le Gange, et se distingue du premier par la bosse osseuse qu'il a sur la gueule.

En Égypte et dans l'Espagne méridionale, sur les arbres, dans les broussailles et les haies se trouve une espèce de lézard nommé *camé-*

léon (tableau V, 1) ; par les changements subits et variés que le soleil ou l'ombre semble faire à la couleur de sa peau, on a fait de lui l'emblème du courtisan ambitieux, qui, pour plaire à son souverain, prend toutes les formes et toutes les couleurs.

Le caméléon, reste des journées entières assis sur une branche, comme s'il était sans vie ; survient-il un insecte, prompt comme l'éclair, il se tourne vers lui, et, avec sa langue gluante, saisit l'insecte qui y reste suspendu.

Le *lézard volant* (tableau V, 2) s'appelle aussi *dragon vert* et est du Japon. Ses ailes incomplètes ne lui servent que de parachute pour sauter de branche en branche à la recherche des insectes.

Le *skink* (tableau V, 6), lézard d'un gris jaunâtre, vit dans les plages sablonneuses de l'Égypte.

L'orvet anguis (tableau V, 5), a la forme extérieure du serpent, ce qui le fait prendre souvent pour un de ces reptiles ; mais la construction intérieure est tout autre ; il n'est rien moins que venimeux, on peut le tenir sans craindre d'être mordu ni piqué ; seulement, il se roule, se déroule pour reprendre sa liberté ; il est très-utile en ce qu'il mange les vers et les limaces.

L'amphisbène (tableau V, 15), semblable à lui, vit au Brésil.

III. — SERPENTS.

La nudité, la marche sinueuse et rampante de la plupart des reptiles, même leurs demeures sinistres, tout nous les fait haïr ; les serpents surtout nous causent une aversion presque insurmontable, parce que nous les croyons tous venimeux ; c'est un tort, car dans nos pays, nous n'en avons qu'un seul : la *vipère*. Les autres, tels que la *couleuvre à collier*, la *couleuvre unie*, la *couleuvre de Schmalbach*, ne sont pas plus à craindre qu'un lézard ou un orvet. La *vipère* (tableau V, 7), dont la morsure est mortelle,

est facile à reconnaître par la large raie foncée et en zigzag qu'elle a sur le dos.

L'imprudent qui ose toucher à cet animal
est perdu, car le venin est si fort, qu'il tue en
une heure le blessé.

Ce dangereux animal, qui atteint rarement
plus de deux pieds de long, habite principalement nos pays montagneux, où il aime à se
réchauffer aux rayons du soleil. La vipère se
tient ordinairement couchée, ou roulée sur
elle-même; à l'approche d'une souris, elle sort
vivement de sa nonchalance, s'élance sur sa
proie, la mord plusieurs fois, et l'avale. A la
morsure d'une vipère, le meilleur moyen
d'empêcher que le sang n'absorbe le venin
est d'appliquer de suite sur la blessure un corps
dur quelconque, soit du bois, de la pierre ou
du métal; par cette pression, le sang des vaisseaux environnant la plaie est refoulé et le
venin ne pénètre pas.

Les serpents les plus dangereux des pays
chauds sont : le *serpent géant* (boa constric-

tor), le *serpent à lunettes*, le *serpent à sonnettes*. Le *boa constrictor* (tab. V, 4) n'est pas
venimeux ; mais il entoure ses ennemis de
son corps, les écrase de cette manière. Il tue et
mange des animaux de différentes grandeurs,
même les chevreuils. Pour digérer, il se couche
par terre ; alors on peut le prendre ou le tuer
facilement.

On le nomme aussi *serpent royal*. On le
trouve souvent au Brésil.

Il habite les fentes sèches des rochers ; il
monte aussi sur les arbres, mais n'entre jamais
dans l'eau. Les indigènes utilisent sa peau en en
faisant des bottes, ou en en couvrant des selles.

Sa longueur est de 14 à 30 pieds.

Le *serpent à lunettes* (tableau V, 8), qui
habite les Indes-Orientales, est venimeux. Les
psylles ou saltimbanques, après lui avoir ar-
raché les dents venimeuses, le dressent à faire
des exercices amusants, pour le divertisse-
ment des villes et villages, où ils le montrent.

Le *serpent à sonnettes*, ainsi appelé à

cause de sa queue , qui se termine en une
suite d'anneaux de substance cornée entrelacés
l'un à l'autre et produisant un bruit semblable à celui de la crécelle, est de l'Amérique
du nord et du sud. Il habite les contrées
hautes, sèches et rocheuses et les prairies
stériles, où il reste caché dans les broussailles
épineuses pour y guetter sa proie, qui consiste
en petits quadrupèdes, oiseaux, reptiles. Il ne
fait du mal que s'il est provoqué.

IV. — GRENOUILLES.

Les *grenouilles*, que tout le monde connaît,
sont des animaux timides qui s'enfuient au
moindre bruit ; elles vivent dans l'eau et sur
la terre, se nourrissent de petits animaux aquatiques, de frai de poisson et de rejetons de
plantes ; de vers de terre, de larves, de hannetons. Si l'occasion se trouve, elles ne dédai-
gnent pas de croquer quelques jeunes grenouilles des prés.

La manière dont se forment les grenouilles

en sortant de l'œuf est assez singulière pour
être expliquée. Ces œufs, ronds comme une
boule, entourés d'une substance mucilagi-
neuse, ont un point noir qui, chaque jour s'al-
longeant, se forme en une petite queue. Dans
cet état, on l'appelle têtard. Son corps alors est
si transparent qu'on en voit les entrailles. Il a
des bronchies, qui après se remplacent par des
poumons ; de même la queue disparaît pour
faire place aux pieds de derrière ; les pieds de
devant ne se forment qu'au premier change-
ment de peau ; au second, la grenouille est
formée, et sa métamorphose est complète.

Dans les chaudes nuits du printemps, le
cri du mâle, *quiak*, *couak*, est si fort, qu'il
casse les oreilles délicates ; quelques personnes
trouvent qu'il donne une impression agréable.
Celui qui demeure près d'un étang et qui n'est
pas amateur d'une telle musique, peut s'en
préserver en pendant près du village une
lanterne allumée ou en faisant un feu : alors
les musiciens se taisent.

La plus jolie des grenouilles est la *grenouille verte* (tableau V, 9); elle est verte sur
le dos et blanchâtre en dessous; ses couleurs
sont séparées par une raie foncée. Le dessous
des pieds est pourvu de petites boules gluantes
qui l'aident à grimper : elle est presque toujours dans les feuillages et les haies, et n'entre
dans l'eau que pour se mouiller la peau. On
tient souvent la grenouille dans une cage
de verre, où se trouve un petit bassin rempli
d'eau et une petite échelle ; si elle se pose au
haut de l'échelle, le beau temps est certain,
si elle se plonge dans l'eau, c'est signe de pluie.
Cependant, il ne faut pas avoir une grande
confiance en cela, pas plus qu'à son cri, qui se
fait toujours entendre quand elle vit en liberté.

Dans quelques pays, les grenouilles aquatiques et les grenouilles de prés sont estimées
bonne nourriture; destinées à cela, comme on
ne mange que la partie de derrière, on les
coupe vivantes, et le reste du corps, ainsi mu-
tilé, survit un peu à ce supplice.

Si la grenouille plaît par ses formes délicates et par ses sauts comiques, en revanche le
crapaud, de la même famille, inspire le dégoût, l'effroi et l'horreur ; son corps est difforme, boursoufflé, parsemé de papilles. Cette
laideur est encore augmentée par la lourdeur
traînante de sa démarche.

Il n'est donc pas étonnant qu'à la vue d'un
crapaud on s'éloigne, ou qu'on fasse un dé-
tour pour ne pas s'en approcher, bien qu'il
ne soit pas venimeux comme on le croit
généralement ; cependant, des papilles de son
corps sort une humeur visqueuse qui, sans être
dangereuse, cause une vive démangeaison,
comme l'urine des grenouilles, qui produit le
même effet que des piqûres d'orties.

Le crapaud ne se traîne que la nuit, et au
crépuscule. Il mange des insectes, des vers,
des limaces. Aussi un jardinier intelligent
aime-t-il à le voir dans ses plates-bandes ;
on en trouve quelquefois dans les endroits
humides des maisons, dans les caves ;

mais là, on fait bien de s'en débarrasser.

Schubert raconte que, dans une maison, on avait apprivoisé un crapaud qui, le soir, sortait de son trou, se laissait mettre sur la table pour manger les mouches et d'autres insectes qu'on lui donnait. Les crapauds deviennent très-vieux. On en trouve dans l'intérieur des pierres, dans des arbres verts, où, entrés là, ils n'ont pu en sortir que de longues années après, quand la pierre s'est cassée, ou que l'arbre s'est fendu.

Le crapaud a un ennemi très-dangereux qui ne se dégoûte ni de sa laideur ni de sa viscosité ; c'est le hérisson, qui lui fait une guerre acharnée. Le cri qu'on entend la nuit au milieu du village, et qu'on appelle le cri du lutin, vient du *crapaud de feu* (tableau V, 18).

V. — SALAMANDRES.

La forme des *salamandres* nous rappelle celle des lézards, mais elles n'ont pas l'agilité de ces derniers, et, malgré leurs vives couleurs, présentent un aspect désagréable ; autrefois on les croyait venimeuses, et encore aujourd'hui beaucoup de gens en ont peur, bien que leur innocuité est chose prouvée.

La *salamandre terrestre*, qu'on voit souvent se traîner par terre si gauchement, suinte aussi, des papilles de son corps, une humeur blanchâtre qui n'a rien de malfaisant. Cette humeur la protége contre les chiens et les chats et autres carnassiers, parce qu'ils éprouvent de la répugnance ; c'est ce même liquide qui garantit la salamandre des effets du feu, puisque cette matière aqueuse l'éteint : c'est ce qui a fait dire à nos pères que la salamandre pouvait vivre dans le feu. La *salamandre aquatique* se distingue de la précédente par sa queue aplatie des deux côtés, la queue de l'autre étant ronde. On la trouve souvent dans les eaux stagnantes, où elle nage très-bien. En octobre, elle reste à terre ; en hiver, elle se cache sous des pierres et les écorces des troncs d'arbre.

IV. — Poissons.

Les poissons sont des animaux à épine dorsale ; ils ont le sang rouge et froid ; ils respirent par des poumons, sont ovipares, et presque tous couverts d'écailles ; ils ne vivent que dans l'eau et ont pour organe de locomotion des nageoires ; la vessie remplie d'air, dans l'intérieur du corps, les soutient pour plonger et remonter à la surface de l'eau ; leur utilité se borne à nous fournir un aliment sain et nourrissant ; les peuples des côtes ne vivent que de la pêche.

Le poisson ne vit que de substances animales, telles que poissons, amphibies, insectes, etc. Quelques-uns sont très-voraces, et pour cette raison se désignent sous les noms de *poissons de proie*, tels que les *requins* et les *brochets ;* ces derniers sont dangereux à l'homme.

On divise les poissons en deux classes :

Les *poissons à arêtes* ou *os*, et les *poissons à cartilages*.

A. — POISSONS A ARÊTES OU OS.

Leur corps est couvert d'écailles ; le squelette d'un poisson de plusieurs années a prouvé que les arêtes prennent la dureté de l'os, voilà pourquoi on les désigne aussi par le nom de *poissons à os*.

I. — BROCHETS.

Le *brochet commun* (tableau VI, 2) est un poisson de proie très-vorace ; sans parler des poissons et des amphibies qu'il avale, il lui faut aussi de jeunes canards ; en revanche, il nous donne sa chair, fort estimée quand elle est d'un jeune brochet ou d'un à demi croissance, celle d'un brochet âgé est dure et coriace.

Le brochet a, de même que les autres poissons, en dehors de la nageoire du dos, encore deux nageoires pectorales, deux ventrales, une à l'anus et une nageoire *caudale* en forme de fourche. La tête est longue, unie en dessus, et aplatie des deux côtés ; la fente de la bouche est grande, richement pourvue de dents non-seulement à la mâchoire, mais au palais ; les yeux, à pupille ronde, sont bordés de jaune et n'ont point de paupières ; ils sont couverts d'une peau transparente ; sous les yeux sont des fossettes (trous du nez) qui viennent d'une membrane olfactive.

Les os de son crâne ont la forme des outils avec lesquels on a crucifié Notre-Seigneur Jésus-Christ : marteau, clous et tenailles.

La couleur du brochet varie selon l'âge : les deux premières années, il est vert ; plus tard, il est noirâtre, les deux côtés gris à taches jaunes, l'abdomen blanc à points noirs.

On a déjà pêché des brochets pesant deux quintaux. Dans le commerce, on sale le brochet qui vient des rivières : Oder, Sprée et Havel.

II. — SAUMONS.

Les *saumons* sont des poissons d'eau douce et de mer dont la chair est très-savoureuse. Le *saumon du Rhin* ou *salm* est remarquable par ses voyages. Il habite les mers du nord, et vient

au printemps dans le Rhin, l'Elbe et le Wéser ;
il voyage comme les oies, par grands troupeaux,
dont chacun forme un triangle ; à la pointe sont
les plus forts, les plus grands poissons ; les
femelles après, et les mâles les derniers. Dans
les grandes chaleurs et dans les temps d'orage
ils nagent au fond de l'eau, et au beau temps
à la surface ; ils voyagent en amateurs, lentement ; mais si on les effraye, ils fuient si vite
que l'œil peut à peine suivre leur nage.

Lorsqu'ils arrivent à une chute d'eau ou à
une digue, le chef de la file (le premier) se
courbe en cercle, ayant la tête et la queue à la
surface ; d'un coup de queue il s'élance avec
une telle force qu'il franchit une hauteur de 4 à
5 pieds, après les autres le suivent de même ;
ils cherchent les fonds sablonneux des rivières
pour y faire leurs œufs, dans de petites fosses
qu'ils creusent avec leur queue.

Le *saumon* d'un an s'appelle *saumonneau* ;
les gras, *saumons blancs* ; les gris et mauvais,
saumons gris ; ceux qui sont dans la mer, *sau-*

mons rouges; ceux qu'on prend pendant la saison du frai, *saumons cuivre.*

Une espèce très-connue et très-estimée est la *truite* (tableau VI, 9). Vivant dans les ruisseaux à fond de roc, elle pèse quelquefois deux à trois livres ; elle nage très-vite et reste souvent immobile au même endroit, la tête tournée vers le courant.

Elle se cache dans les trous du rivage, ou entre des racines, des pierres ; dans la saison du frai, on peut la prendre avec la main ; après, en mettant les ruisseaux à sec ou, pendant la nuit, en illuminant l'eau avec une lanterne ou une torche : les truites s'approchent de la clarté en nageant à la surface, et d'un coup de couteau dans la tête elles sont tuées. Une fois hors de l'eau la truite n'existe plus ; sa chair se corrompt vite.

On doit donc, pour les conserver, les mettre dans un vivier ou réservoir dont le fond soit couvert de gravier. On les nourrit de petits poissons, de grenouilles ; on fait bouillir de l'orge qu'on mêle avec du sang de bétail, ou on fait une pâte qu'on sèche et on leur en donne par petits morceaux ainsi que de la viande.

En liberté, la truite mange aussi des souris, des sangsues, des écrevisses.

III. — CARPES.

Les *carpes* sont des poissons d'eau douce qui se nourrissent de vers, de larves, d'insectes, de substances de plantes, et aussi de charogne, d'excréments, surtout de ceux du mouton. La *carpe commune* (tableau VI, 11) se distingue par quatre barbillons et par sa queue fortement fourchue ; elle atteint la longueur de 4 pieds, pèse de 3 à 40 livres, et vit, à ce qu'on prétend, deux cents ans.

La carpe est le poisson le plus avantageux pour la reproduction, c'est pourquoi on la garde dans des réservoirs creusés exprès pour elle. Elle est très-facile à nourrir, et peut devenir si apprivoisée qu'elle paraît à l'appel d'une sonnette pour manger dans la main de l'homme.

Elle a la vie très-dure ; on peut l'envoyer, hors de l'eau, à vingt lieues de distance, si l'on a soin de l'envelopper de mousse, d'herbes mouillées ou de neige, et de lui boucher le nez avec un tampon de pain trempé dans le vin ou le vinaigre, même dans l'esprit-de-vin. Sa chair a quelquefois le goût de vase ; on peut cependant le faire passer en laissant, avant de la tuer, la carpe dans une eau claire pendant quelques semaines.

Les espèces suivantes sont de la même famille.

La *carassine* (tabl. VI, 5) vit aussi dans les eaux douces et se nourrit de même que la carpe ; elle n'a point de barbillons ; sa chair, bouillie ou frite, est excellente. Le *poisson doré de la Chine*, qui, par sa beauté, a acquis l'honneur d'être dans des globes de verre comme attrait de nos appartements, est nourri de mie de pain, de viande déchiquetée, de parties d'oublie, de mouches.

Le *goujon* (tableau VI, 23), petit poisson gris

foncé à abdomen blanchâtre, se trouve dans toutes les rivières de l'Europe; sa chair est savoureuse.

Le *gardon* (tableau VI, 29) est vert noir, à nageoires rouges; il vit généralement dans les fleuves de l'Allemagne. La *loche d'étang* (tableau VI, 12) a le corps comme celui d'une anguille, et dix barbillons; elle habite le fond des eaux fangeuses du nord de l'Allemagne : aux changements de temps, elle remue la fange.

La *loche franche* (tableau VI, 21) habite les ruisseaux et étangs d'eau claire à fond rocheux. Elle a six barbillons; de Pâques à Noël, sa chair, tendre, a meilleur goût.

IV. — HARENGS.

Les *harengs* sont de petits poissons de mer à arêtes fines et nombreuses. Pour les côtes du nord, ils sont une source de prospérité : ce sont des poissons voyageurs qui n'habitent que le fond de la mer, et, quand ils sont assez forts, reviennent à la surface pour se diriger vers le sud

Les premiers se montrent en avril, mais en mai ils paraissent près des côtes en telle quantité qu'on les puise avec des cruches; ils voyagent en colonnes de 5 à 6 lieues de long sur 3 à 4 de large; leur nombre couvre pour ainsi dire l'Océan. A la surface de l'eau, ils produisent un effet magique; leurs mouvements font un bruit semblable à celui de la pluie tombant dans l'eau; la nuit, ils sont phosphorescents. Leurs ennemis, oiseaux de mer, phoques, dauphins et baleines, annoncent leur arrivée, ainsi que l'odeur d'huile qui les précède.

Quand ils arrivent, tout est déjà préparé pour la pêche, qui fait vivre des milliers d'hommes. La plupart des harengs sont pris dans des filets tendus dans les détroits; mais chaque nation a sa manière de les pêcher.

La grande pêche dure depuis la Saint-Jean jusqu'à la Saint-Jacques (25 juillet), car les harengs disparaissent au mois d'août. Comme les harengs meurent de suite hors de l'eau, les pêcheurs les vendent dans le filet aux négociants,

qui les font saler ou fumer, et après en remplissent de petits tonneaux expédiés partout. Le
hareng est une nourriture très-saine ; on l'emploie même comme remède. Les harengs hollandais sont les plus estimés ; les bons harengs
frais se reconnaissent à leur chair tendre et
blanche ; lorsqu'elle est rouge, ils sont vieux et
nuisibles à la santé. Le meilleur hareng est la
sardine pêchée sur les côtes de la Bretagne. On
appelle harengs saurs ceux qui sont fumés.

V. — GADES.

Les *gades* sont des poissons de mer à corps
allongé, à grande vessie à nager ; la seule espèce
qui vit dans l'eau douce est la *lotte* (tableau VI,
14), un des poissons les plus délicats de nos rivières. On la trouve beaucoup dans les lacs de la
Suisse. Le plus important des *gades* est la *morue* (tableau VI, 7), qui habite l'Océan septen-
trional, principalement autour du Labrador,
de Terre-Neuve et des côtes septentrionales de
l'Angleterre. Sa pêche occupe en Europe plus

de 50,000 hommes : l'Angleterre envoie pour sa pêche 1,500 bateaux avec 20,000 matelots; la France, 6,000 voiles avec 13,000 matelots, auxquels il faut ajouter 20,000 habitants du Labrador, qui s'occupent exclusivement de cette pêche.

Les morues se tiennent presque toujours à quelques lieues de la terre, dans les fonds de mer plats, où elles cherchent leur nourriture, qui se compose d'huîtres, poissons, blennies, vers ; on les prend à l'hameçon ; un seul bateau en a souvent 600. Aussitôt prises, elles sont apportées à terre : on leur coupe la tête, on leur ouvre le ventre, on les vide, et l'on coupe la partie inférieure de l'arête principale.

Ensuite le saleur les met dans un tonneau ; en les empilant, il les couvre légèrement de sel ; on les laisse ainsi deux ou trois jours, puis on les lave proprement et on les met en meules ou on les étend ; le soir, ou quand il pleut, on les tourne pour que la peau soit en dessus ; à demi sèches, on en fait des tas ronds, après on les remet en meules pour qu'elles suintent, et on les sèche pour la dernière fois.

Fraîches, on les appelle cabillauds ; salées, haberdans ; sèches, morues ; salées et sèches, aigrefins-salés. Du foie de ces derniers on fait l'huile de foie de morue.

VI. — SILURES.

Les *silures* sont des poissons de rivière à deux mâchoires, à longs barbillons. Le *silure commun* (tabl. VI, 27) atteint de 2 à 7 pieds de longueur, et le poids de 2 à 3 quintaux ; il habite les grandes rivières de l'Allemagne, dans le fond fangeux, pour y trouver des poissons. Sa chair est dure et indigeste par la graisse qu'elle contient. Le *silure électrique*, ainsi appelé par la commotion électrique qu'il cause, vit au Sénégal et dans le Nil.

VII. — ANGUILLES.

Semblables aux serpents, les *anguilles* ont de petites écailles couvertes par une peau cal-

leuse et secréteuse. L'*anguille de rivière*
(tabl. VI, 8) vit dans les lacs et les rivières ; sa
longueur est de 4 à 6 pieds ; son poids, de 15 à
20 livres. Poisson vorace qui dévore les petits ;
au printemps, elle sort de l'eau de temps à
autre pour manger les jeunes pousses des semences, surtout celles des petits pois.

En automne, l'anguille passe des rivières
dans la mer ; quelques-unes hivernent dans les
lacs, les étangs ; sa chair délicate est recherchée.
La chair indigeste des anguilles de mer en fait
négliger la pêche ; on les trouve sur les côtes
des mers septentrionales et méridionales.

Pour tuer une anguille vivante, il faut couvrir sa peau glissante de sable ou de cendres,
puis se mouiller les mains ; on la met sur une
planche en l'y fixant par un clou qui lui traverse la tête ; on lui arrache les entrailles, et
elle est encore vivante ; coupée par morceaux,
chaque partie s'agite encore !

La peau de l'anguille s'enlève facilement ;
elle est transparente, élastique ; en Russie, on

en fait des vitres ; en Allemagne, elle sert de
cordes à fléaux, et les paysans trouvent qu'elle
dure plus que le cuir.

VIII. — MAQUEREAUX.

Les *maquereaux* sont des poissons de mer de
bon goût ; les espèces les plus connues sont :
le *maquereau commun*, poisson vorace de 1 à 3
pieds ; il vient de la mer Baltique et de la mer
du Nord ; on en pêche en grande quantité. Le
thon de la Méditerranée a de 6 à 18 pieds et
pèse de 3 à 6 quintaux ; on en pêche en Sicile
et en Sardaigne à peu près 52,000 par an, pendant une époque fixée par la loi, pour que sa
chair ne soit pas malsaine.

L'*espadon* (tabl. VI, 10) a de 15 à 20 pieds
de long et pèse de 4 à 5 quintaux ; sa mâchoire longue s'effile en lance aiguë ; sa chair
est la plus estimée. Pour la Sicile et la Calabre,
la pêche en est très-importante.

Le *poisson soleil* est aussi de la classe des
maquereaux.

IX. — ACANTHOPTÉRIGIENS.

Les *acanthoptérygiens* sont, pour la plupart, des poissons de mer à joues larges et cuirassées. Le *grondeur* (tabl. VI, 19) des mers européennes fait entendre un grondement quand on le touche ; on le pêche pour le saler.

Le *chabot* (tableau VI, 17) n'a pas d'écailles ; sa longueur est de 5 pouces ; on le trouve en Allemagne dans les petits ruisseaux limpides, et se tient au fond de l'eau sous des pierres ; si on le dérange, il part comme une flèche. La nuit, il cherche les œufs de poisson, les petits, et les autres insectes ; sa chair est bonne, mais elle sert aussi d'appâts pour prendre les grands poissons. L'*épinoche* (tableau VI, 15) a 3 pouces de long ; il ne vit que dans les eaux courantes ; son dos est pourvu de trois épines qui se dressent à l'approche de l'ennemi ; il se nourrit d'œufs de poisson. Les épinoches abondent ; on les emploie à fumer les terres ou à engraisser les canards ; on peut aussi faire de l'huile de ces petits poissons.

<h3 style="text-align:center">X. — SYNGNATHES.</h3>

Poissons singulièrement formés, ayant la bouche en tuyau, ce qui les range dans les poissons *bouches en tuyau*.

L'*hippocampe* (tabl. VI, 26) a de 4 à 6 pouces de long; on le trouve dans la mer du Nord et la Méditerranée; en mourant, il courbe la tête comme un cheval.

Le *dragon de mer* (tabl. VI, 28), dans la mer des Indes-Orientales, a des nageoires en demi-cercle; sa longueur est de 3 ou 4 pouces.

<h3 style="text-align:center">XI. — ACANTHURES.</h3>

Les *acanthures* vivent dans la mer, et se nourrissent de varech. Le *poisson à corne* (tabl. VI, 1), ainsi nommé à cause de la corne qu'il a sur le nez, vient de la mer Rouge. Le *chirurgien*, de la même famille, vit dans les mers des Antilles; il a de chaque côté de la queue une épine mobile en forme de lancette.

B. — POISSONS A CARTILAGES.

Le squelette de ce poisson est cartilagineux.
Le corps est lisse ou couvert de petits boucliers
d'os ou d'épines à grains durs. De cet ordre sont :

XII. — LES ACANTHOPOMES.

Poissons de mer à mouvements lents, à peau
épineuse ; ils se gonflent comme des ballons.

Le *poisson hérisson*, des mers méridionales,
a de grandes épines. Le *poisson lune* (tabl. VI,
3), par sa forme circulaire, est difforme ; son
poids est de 3 quintaux ; il a en tous sens
4 pieds ; le luisant de son abdomen lui a fait
donner le nom de *poisson lune*.

Le *poisson à abdomen aiguillonné* (tabl. VI,
24), sur les côtes de l'Afrique septentrionale,
a des épines sur tout le corps.

XIII. — LES ESTURGEONS.

Poissons de mer qui font leurs œufs dans les
rivières. L'*esturgeon commun* (tabl. VI, 21),

long de 6 à 18 pieds et du poids de 1 à 4 quintaux, vit dans la mer Baltique.

Le *hausen*, plus grand encore, de la mer Noire et de la mer Caspienne, pénètre dans les fleuves qui s'y embouchent. Ils sont l'objet d'une pêche importante, surtout dans la mer Caspienne et le Volga, à la fonte des glaces en février. Le hausen monte le fleuve pendant 15 jours; à la mi-avril, les esturgeons arrivent aussi; 20,000 personnes sont occupées à la pêche dans la mer Caspienne et 20,000 dans le Volga.

En Russie, on en pêche par an quatre millions de livres; on en fait huit mille livres de caviar.

Le caviar se compose d'œufs d'esturgeon auxquels on a enlevé la pellicule, salés et confits dans la graisse de poisson; sa vessie sert à faire de la colle de poisson, employée dans le taffetas d'Angleterre.

XIV. — LES REQUINS.

Poisson monstrueux par sa taille, sa force, sa voracité; il est la terreur des habitants des côtes. Le *requin commun* (tabl. VI, 16) a le corps très-allongé, les dents triangulaires, très-pointues, 6 rangs à la mâchoire supérieure, 4 à l'inférieure; il est long de 20 à 30 pieds, et il pèse à peu près 10,000 livres.

Il vit de poissons, de phoques, suit les vaisseaux pour dévorer les hommes qui tombent dans la mer et les cadavres humains qu'on y jette. Il ne craint que le cachalot, ce géant des mers si ressemblant à la baleine.

La peau du requin est dure; les Norvégiens en font des harnais, et les Hollandais des chaussures; de son foie et de sa graisse, de l'huile. Une autre espèce de cet ordre est le *requin scie* (tableau VI, 22); il habite toutes les mers; long de 12 à 15 pieds, sa mâchoire supérieure, en forme de scie de 4 à 15 pieds de

long, lui sert à ouvrir le ventre de la baleine,
son ennemie.

XV. — LES RAIES.

A corps aplati, à dents en forme de pavé.
La *raie unie*, qui vient de la mer du Nord, pèse
jusqu'à 200 livres ; la qualité de sa chair la
rend de grande importance pour le commerce.
La *raie piquante*, ainsi nommée à cause de l'aiguillon qu'elle a au milieu de la queue, et avec
lequel elle peut blesser dangereusement.

La *raie électrique* (tableau VI, 26) est
ronde, ayant cinq grandes taches en œillet ;
elle vit dans les mers, et a 4 pieds de long ;
elle touche d'électricité ceux qui l'approchent.

XVI. — LES SUCEURS.

A corps cylindrique comme les anguilles,
la bouche ronde et plate pour sucer ; ce sont
des poissons de mer et d'eau douce à chair
savoureuse. La *grande lamproie*, longue de 2 à
3 pieds, a la grosseur du bras : de la mer du

Nord, elle remonte au printemps les fleuves : on la trouve dans l'Elbe, le Havel, le Rhin ; elle se nourrit du sang des poissons ou d'animaux aquatiques qu'elle suce ; elle nous procure, par sa chair, un mets excellent.

La *petite lamproie* (tableau VI, 6), semblable à l'autre, mais plus petite, se pêche dans nos rivières ; marinée ou fraîche, elle est estimée.

La *branchie abdominale* (aveugle) semble un ver long d'un pied, gros comme le doigt ; c'est le seul poisson qui n'ait point d'yeux , elle vit dans la mer du Nord, aux fonds vaseux.

V. — Insectes.

Les *insectes* n'ont point d'os comme les animaux des quatre classes que nous venons de nommer. On les appelle aussi animaux invertébrés ou sans épine dorsale. Leurs pattes ont plusieurs articles ; on les appelle aussi pour cela animaux articulés. Leur corps se divise en trois parties : tête, poitrine et abdomen. A la tête se trouvent les organes de la mastication, les antennes et le plus souvent plusieurs yeux. La poitrine est pourvue de six pieds au moins ; pour cette raison, on les nomme (excepté les araignées et les écrevisses) *nexapies*. La plupart des insectes ont 4 ou 2 ailes ; d'autres sont sans ailes. Le sang est représenté par un liquide blanc ; l'abdomen est mou et à anneaux ; de chaque côté sont des trous pour la respiration. Chez les chenilles, on peut découvrir ces trois trous sans microscope ; en les bouchant avec de l'huile ou du vernis, l'insecte cesse aussitôt d'exister. D'après leur sexe, on les divise en mâles, femelles et insectes sans sexe. Ces animaux vivent partout, sur la terre, dans l'eau, dans les airs, sur d'autres animaux et sur des plantes. Leur reproduction se fait par des œufs ovales ; de ces œufs sortent d'abord des êtres, formés autrement que l'insecte qui les produit, et qu'on nomme larves. Ces larves sont très-peu développées, mais rongent beaucoup, croissent vite, et se meuvent plusieurs fois sans tête ni pieds ; ce sont des vers ; avec une tête et de 6 à 16 pattes, on les appelle *chenilles*. La larve devient *chrysalide* ou *nymphe*; après un certain laps de temps, elle sort de sa coque transformée en papillon.

Ces vers que nous voyons ramper sur la terre, grouiller dans les marais et la fange, se changent aussi en gracieux insectes ailés parcourant les airs et tourbillonnant au-dessus des fleuves. Mais le vilain *pou*, le *scorpion* venimeux, l'*araignée* repoussante ne subissent aucune transformation, ils restent tels qu'ils étaient à leur éclosion. L'hiver détruit généralement les insectes ; ceux qu'il ne tue pas tombent dans un engourdissement qui dure autant que le froid.

On estime le nombre des espèces d'insectes à 80,000 ; la plupart sont nuisibles, mais il en est qui sont regardés comme utiles. On divise les nuisibles en 9 ordres.

I. — COLÉOPTÈRES (ESCARBOTS).

Les *escarbots* se distinguent par leurs ailes

de peau, couvertes d'étuis cornés ; il y a quelques espèces auxquelles les ailes de dessous manquent ; dans ce cas, les deux étuis sont adhérents ; de tels escarbots sont des *aptères*.

Les parties de la bouche sont construites pour mordre ; les pattes sont le plus souvent à articles, et le derrière a souvent deux grandes griffes.

Les larves des *coléoptères* ont 6 pattes et une tête visibles ; elles sont le plus souvent sans enveloppe.

Les *chrysalides* sans tissus se trouvent dans des cavités. En Europe, on compte à peu près 8,900 espèces d'escarbots.

Si les naturalistes admirent la variété et la magnificence des couleurs de l'escarbot, par contre, les laboureurs et les forestiers lui sont très-hostiles.

Le *scarabée disséquant* (tableau VII, 9), de 2 lignes à 2 1/2 de longueur, malgré sa petitesse extérieure, a déjà détruit des forêts entières. Au printemps, les escarbots, complètement formés et cachés sous l'écorce intérieure des sapins, y percent des trous par lesquels ils sortent pour envahir d'autres sapins, et en perforant l'écorce, ils y font leurs ovules, qui, se formant en larves, rongent l'écorce entièrement et font mourir l'arbre.

Les larves du *capricorne de chêne* (tableau VII, 23), du *capricorne ficelle* (tableau VII, 18), du *capricorne aubier* (tableau VII, 8), attaquent le bois des arbres. Les *porte-bec* (tableau VII, 6), dont la tête se termine en une trompe plus ou moins longue, et l'*attelabe-bacchus* (tableau VII, 7), font des larves qui dépouillent l'arbre de ses feuilles et de ses fruits.

Le bois de chêne coupé est attaqué par le *jaret naval*. Les *richards*, étincelants par leurs reflets métalliques, vivant en état de larves dans les écorces des chênes et des jeunes troncs d'arbre, en causent le dépérissement ou la défectuosité. La larve du *perce-bois*, nommée vulgairement *horloger de mort* ou *frappeur*, se met dans les ustensiles de ménage et les réduit en poussière de bois. La *gerce* s'attache aux livres, aux châssis et les perce.

Les larves des insectes suivants rongent les racines des plantes. Le *scarabée rhinocéros* (tableau VII, 2) est marron, le mâle porte sur la tête une corne crochue ; le *scarabée des semences* (sauteur) ronge la racine des blés ; les *chrysomètes* et leurs larves vivent de la séve des feuilles et des plantes. La *puce de terre*, microscopique, ronge les jeunes pousses de légumes. Le *scarabée des roses* (tableau VII, 20), à reflets d'or, se trouve sur les rosiers, dans le cœur de la fleur qu'il ronge.

Combien le *hanneton* (tableau VII, 10) fait de ravages en mainte année de printemps ! Sa larve dévore avec avidité les racines des plantes ; si la pluie se fait attendre, la plante attaquée languit et meurt. Lorsque le hanneton, sorti de sa chrysalide, fin avril ou au commencement de mai, célèbre sa transformation, il envahit les arbres en si grand nombre que les branches en sont couvertes, et les arbres, entièrement dépouillés de leurs feuilles, n'offrent plus à l'œil que leurs squelettes. Dans ce cas la récolte des fruits est perdue, car un arbre sans feuilles n'a plus de séve et ne peut vivre en été.

Le *ténébrion molitor*, dont la larve se trouve dans les greniers à blé et les caisses de farine. La larve poilue du *dermeste de lard* s'attache aux viandes séchées et aux peaux, aux fourrures non tannées. Les *scarabées nageurs* (tableau VII, 3), et les *hydrophiliens* sont nuisibles aux viviers; ils rongent les œufs de poisson, les petits poissons, et même les grands.

Tout nuisibles que nous paraissent ces insectes, ils doivent avoir leur utilité cachée pour nous; car, dans l'œuvre de la création, il n'y a pas un seul être qui ne soit coordonné pour l'ensemble du tout.

Les coléoptères, dont nous reconnaissons l'utilité, sont ceux qui se nourrissent d'insectes destructeurs et des matières animales qui corrompraient l'atmosphère.

Les *crabes*, par exemple, à pattes longues

et très-agiles, se trouvent sous la mousse et les pierres, et leurs larves, dans le fumier et les matières fécales. Nous ne citerons que la *ticindèle* (tableau VII, 5), qu'on voit souvent aux endroits sablonneux exposés au soleil, faisant la chasse aux insectes.

L'*orfévre* (tableau VII, 8) est l'ennemi du hanneton. Les *coléoptères carnassiers* de la même utilité sont reconnaissables aux courts étuis qui couvrent leurs ailes; ils ressemblent aux forficules; ils ne vivent, ainsi que leurs larves, que dans les matières corrompues des animaux, ou sous les mousses, les écorces, les pierres, et sur les rivages humides.

Les *fouille-merde*, *géotrupes*, *stercoraires* (tableau VII, 15) se trouvent dans les excréments de chevaux, vaches et moutons.

Les *scarabées boules* (à forme de boule) détruisent les pucerons dévastateurs.

La *coccinelle* (à 7 points et ses larves) est précieuse dans les jardins et les serres chaudes qu'elle préserve des pucerons.

Les *boucliers silpha* ne vivent que de bêtes crevées, telles que de souris, de taupes, de petits oiseaux ; ces insectes noirs, au nombre de deux ou cinq, viennent faire leurs œufs sur le cadavre, ensuite ils creusent la terre et l'enfouissent ; quelques heures après, les larves écloses se nourrissent.

Le *méloé* (tableau VII, 16) qui sécrète des jointures de ses articulations un liquide semblable à l'huile, lequel produit des vésicules, est employé dans la médecine. La *cantharide*, qu'on trouve en juin sur les frênes, le sureau, les peupliers, etc., sert à faire les vésicatoires.

Le plus grand de nos coléoptères est le *cerf-volant* (tableau VII, 15), qu'on trouve en juin et juillet dans les forêts de chênes. La mâchoire supérieure du mâle est pareille aux bois du cerf ; leurs larves ressemblent à celles du hanneton, et sont dans les troncs d'arbres pourris.

La sécrétion du chêne est léchée par le cerf-volant, dont la langue a la forme d'un pinceau.

Le *lampyre* ou ver luisant, que nous voyons les beaux soirs d'été briller dans l'obscurité par l'effet de son abdomen inférieur luisant, vole dans les airs. La femelle n'a point d'ailes ; on la trouve, à la fin de juin, dans les herbes et les haies. Les larves luisent aussi un peu.

II. — PAPILLONS.

Les *papillons* ont quatre ailes admirablement colorées ; au plus léger contact, ces couleurs restent au doigt comme une poussière, et l'aile n'est plus qu'un tissu diaphane, incolore ; cette poussière, examinée au microscope, nous présente une multitude d'écailles pourvues de petits manches, qui, s'adaptant dans les vides des ailes, sont rangées par la main du Créateur comme les tuiles d'un toit, les unes dessus les autres, et forment les dessins les plus variés.

Ces êtres admirables qui, au soleil, semblent des fleurs volantes, ne naissent pas aussi beaux ; en sortant de l'ovule, ils sont laids, car ils sont chenilles, et la plus belle chenille ne fait pas présumer qu'un jour elle sera un magnifique papillon.

Les *chenilles* vivent en multitude ou solitaires ; la plupart rampent en plein air, mais, dans l'ardeur du soleil, elles cherchent l'ombre. Presque toutes changent de peau 5 ou 6 fois avant de subir la première transformation ; alors elles sont malades, mais après deviennent d'autant plus vives et plus voraces. A la seconde transformation, elles cessent de manger, perdent leurs excréments, et, inquiètes, elles se choisissent un endroit convenable ; la peau éclate, et, sous elles, se montre la chrysalide, qui s'étend au fur et à mesure que la peau se retire : ainsi formée, elle respire par des ouvertures placées des deux côtés.

Beaucoup de chrysalides supportent l'hiver. Lorsque l'enveloppe tombe, le papillon sort de son tombeau temporaire pour voltiger sur l'herbe et les fleurs. Peu de papillons passent l'hiver dans leur forme ; après avoir quitté leur

enveloppe, ils font, quelques jours après, leurs
œufs, et meurent de suite.

Ces œufs, d'abord à l'état humide, se recouvrent d'une couche de liquide qui, se durcis-
sant comme le vernis, les garantit des intem-
péries.

Chaque œuf a un couvercle par lequel sort
la petite chenille ; les œufs faits en automne
éclosent au printemps. Les chenilles, véritable
fléau pour les plantes, sont poursuivies par
les oiseaux, les guêpes et quelques espèces de
mouches. L'homme aussi cherche à les détruire, mais l'humidité et le froid les tuent
toujours.

Les *papillons* se divisent en 4 ordres.

A. — LES PAPILLONS DIURNES

Ont les ailes grandes et à vives couleurs.
Le papillon en repos, elles restent perpendiculaires ; son corps est mince et les antennes
longues. Les plus beaux papillons sont de
cette classe.

Le *papillon machaon* (tableau VII, 24), dont les ailes postérieures sont fourchues.

L'*amiral* (tableau VII, 44) ; les ailes de devant sont traversées per une raie rouge, et celles de derrière bordées de même. Le *paon de jour* (tableau VII, 45) a sur chaque aile une tache semblable à l'œil du paon. Le *vulcain*, d'un brun noir velouté, a les ailes à filet jaunâtre pointillé de bleu.

Les papillons moins jolis sont le *papillon citron* (tableau VII, 30), le *papillon feu* (tableau VII, 34), le *papillon à yeux communs* (tableau VII, 35). Nous les voyons souvent dans les champs, les prairies, sans y faire attention ; mais nous avons dans cette classe une division de papillons communs dont les chenilles rongent les feuilles des arbres fruitiers et des choux, c'est la famille des papillons blancs, qui se divise en *papillons blancs des arbres, des raves, des plants de moutarde, des choux* (tableau VII, 29), surnommés ainsi, par ce qu'ils rongent. Le plus nuisible est le *papillon blanc des arbres et des haies*, dont la chenille gris cendré et rayé noir et orange vit au printemps sur les aubépines, pruniers, poiriers, pommiers.

En juin et juillet, ce papillon fait de 30 à 100 œufs sur les revers des feuilles ; en août, les chenilles éclosent et s'agglomèrent dans des espèces de petits nids ; en hiver, on doit détruire leurs tâches, car les premiers jours de printemps les verront éclore. En été, ou doit écraser les œufs qu'on trouve, et même tuer les papillons qui y donnent naissance.

Les chrysalides se trouvent facilement, mais celles qui sont brun foncé renferment des œufs de guêpes (*chneumon*,) dont les larves détruisent celles des chrysalides nuisibles.

B. — LES SPHINX (papillons du crépuscule)

A ailes étroites et foncées, qui, au repos, s'étendent horizontalement ; leur corps est grand et grossier. Dans cette classe il s'en trouve de remarquables : le *paon du jour* (tableau VII, 31), le *papillon de vigne* (tableau VII, 32), la *tête de mort* (tableau VII, 33). Ce dernier fait l'ornement de toutes les collections de papillons ; il tire son nom du dessin formé sur son dos ; c'est le seul papillon qui puisse produire un son dans le danger : il fait entendre un grincement qui provient d'une fente d'un des anneaux de son abdomen postérieur ; est de moindre grandeur le *sphynx de verre*, semblable à une grosse mouche (tableau VII, 36).

Le *sphynx de la véronique* (tabl. VII, 42), *la queue de pigeon* (tableau VII, 39), etc., etc.

C. — LES LÉPIDOPTÈRES NOCTURNES

Ont, comme les précédents, les ailes foncées, mais larges, qui, en repos, forment un angle aigu ou se roulent autour du corps ; beaucoup de ces espèces sont nuisibles par la fécondité de leur reproduction : ainsi la femelle du *fileur d'anneaux* fait 200 à 300 œufs autour des arbres d'un an. Ces œufs gélatineux ont la forme d'anneaux, éclosent en avril et mai des chenilles qui font périr les arbres. Les chenilles des *papillons des sapins et des pins* détruisent quelquefois des forêts entières.

Les chenilles processionnaires du *papillon processionnaire* (tableau VII, 26) vont en troupes régulières et serrées, à l'aube, pour ronger les feuilles des jeunes chênes, et, le soir, retournent dans leurs nids, près des parties dures des branches. La femelle non ailée du *papillon du froid* fait en automne, même dans les temps froids, 300 à 400 œufs dans l'écorce des troncs d'arbre. Alors les petites chenilles, à 10 pieds, éclosent en avril, percent les jeunes pousses, puis les rongent, ainsi que, plus tard, les feuilles. A la mi-juin, elles se suspendent à leur fil pour subir leur seconde transformation. C'est pour prévenir l'éclosion de la chrysalide qu'on retourne la terre autour des arbres des jardins, et, de juin à septembre, on la foule pour la rendre dure, afin que le papillon ne puisse en sortir. En octobre et novembre, on entoure l'arbre de goudron, pour que la femelle non ailée n'y puisse monter pour déposer ses œufs.

De la même classe, mais moins destructeurs, sont : le *papillon du frêne* (tableau VII, 38), le *ruban de décoration* (tableau VII, 43), bleu et jaune, dont la petite tête est entourée d'un collier, comme celui qu'a la chouette.

Le *bombyx* du mûrier, d'une incontestable utilité, se nourrit de feuilles de mûrier ; sa chrysalide est un cocon jaune ou blanc ; ce cocon se compose d'un fil de la longeur de 800 à 1,200 pieds. Pour conserver ce fil intact, l'on n'attend pas que le cocon éclose, car le papillon, en en sortant, romprait le fil ; quatre à sept jours avant l'éclosion, on fait périr la chrysalide en la mettant dans un four chauffé à point, ou en l'exposant à la vapeur de l'eau en ébullition.

On dévide les cocons dans les filatures. L'Europe consomme par an à peu près 12 millions de livres de soie, évaluées à 257 millions de francs environ.

Le *bombyx du mûrier* vient de la Chine, et de là ont été importés en Europe les premiers vers à soie ; aujourd'hui on élève les vers à soie dans toute l'Europe méridionale, principalement en Italie et en France ; en Allemagne, on n'a pu obtenir encore de résultats satisfaisants.

B. — LES PETITS PAPILLONS

Ont des antennes sétiformes et le corps petit et élancé ; ils volent, en partie, le jour et la nuit.

Le *tordeur du pommier* fait ses œufs sur les queues des pommes ; huit jours après la chenille éclôt, perce le fruit, qui devient véreux. En automne, elle quitte le fruit, se glisse par les fentes sous l'écorce, s'enveloppe de fil et passe ainsi l'hiver. L'année suivante, en mai, elle devient chrysalide, trois semaines après papillon ; aussi doit-on ramasser les fruits véreux.

Le *tordeur du prunier*, *le tordeur du chêne* (tableau VII, 25), *le tordeur du sapin*, sont plus ou moins nuisibles.

La *teigne des grains* se met dans les tas de blé qu'elle ronge ; pour en purger les greniers, il faut établir un courant d'air sur le blé et le remuer souvent. La *teigne des habits* (tableau VII, 28) fait au commencement de l'été, sur les étoffes, des œufs blancs, desquels sortent de petits vers nus qui se revêtent des fils de l'étoffe et la trouent.

La *teigne des fourrures* fait de même ; les œufs éclos donnent des vers jaunâtres à tête noire qui, s'enfermant dans les poils de la fourrure comme dans un tuyau, la râpent entièrement.

La *teigne du miel* gâte, pour l'année, le miel des ruches.

La *teigne du fusain* s'attache aux pommiers et aux poiriers. La *teigne du papier peint* ou *des voitures* perfore les tapisseries et les draps des vieilles voitures. Une espèce commune est la *teigne à cinq plumes* (tableau VII, 27), dont les ailes sont fendues comme des plumes.

III. — LES GUÊPIAIRES

Ont quatre ailes pareilles et nues, traversées par des veines en réseau ; on les appelle aussi hyménoptères. Entre les yeux principaux, ils ont des yeux accessoires ; ils bourdonnent en volant. La grande guêpe *urocére* (tabl. VIII, 6) vit dans les forêts de sapins et de pins, et ne se nourrit que d'insectes mous. Lorsque la femelle veut faire ses œufs, elle perce avec son aiguillon, comme le ferait une aiguille, des trous dans le bois, et chaque trou renferme un œuf. La larve, éclose, pénètre dans le bois par des conduits.

La femelle de l'ichneumon perce aussi les chenilles, les araignées, les pucerons pour y déposer ses œufs.

La *guêpe de galles* agit de même sur les parties molles des plantes pour y déposer ses œufs ; les sucs de la plante affluent à l'endroit piqué, et forment une excroissance qu'on nomme galle. On trouve ces galles sur les revers des feuilles de chêne ; elles ont la grandeur d'une cerise et sont vertes et rouges. En septembre, elles sont dans leur grandeur normale; les vraies galles qu'on emploie dans la teinture et pour faire l'encre viennent du *chêne de galles* de l'Asie Mineure.

Les *frelons* font, pour leurs larves, la chasse aux chenilles, escarbots, pucerons. La *chrysis* (tableau VIII, 2) fait, comme le coucou, ses œufs dans les nids des autres guêpes, et ses larves dévorent la nourriture non destinée pour elles.

Dans la famille des guêpes on compte aussi les fourmis, ces insectes bien connus qu'on trouve en masse dans les arbres creux, sous des pierres, dans des tas de terre et de petits monceaux de bois qu'ils forment eux-mêmes et qu'on nomme fourmilières.

D'après leur couleur et grandeur, on les divise en plusieurs espèces, mais toutes mènent le même genre de vie : les mâles, les femelles et les travailleurs, qui n'ont pas de sexe.

Pendant un certain temps, on voit dans l'air des volées de fourmis à longues ailes qui tourbillonnent jusqu'à ce qu'elles tombent à terre par couple : ce sont les mâles et les femelles, car les travailleurs restent toujours sans ailes ; après ce vol dans les airs, les mâles meurent ou, se dispersant, deviennent la proie des oiseaux ; mais les femelles perdent leurs ailes et fondent une nouvelle colonie. Dans une telle colonie, les travailleurs forment toujours le plus grand nombre de la population, eux seuls font toutes les affaires, tous les travaux de l'État : ils raccommodent les habitations, nourrissent les vers, portent les chrysalides au soleil pour les réchauffer et les reportent dans la fourmilière. Lorsque la colonie est trop peuplée, un certain nombre de femelles, non ailées, sortent à la tête de quelques travailleurs pour fonder un nouvel établissement dans le voisinage de l'ancien. C'est pour cela qu'on trouve, à petite distance, de deux à quatre fourmilières.

Les fourmis sont nuisibles en ce qu'elles pénètrent dans les maisons, et s'attaquent à la viande et aux choses sucrées ; mais comme elles détruisent les chenilles, les vers de terre, elles ont leur utilité. Les pharmaciens en préparent l'alcool de *fourmis de forêt* employé pour bains.

La *guêpe commune* (tableau VIII, 12) se trouve dans les jardins, se nourrit de fruits doux, d'abeilles, et se met sur la viande ; la piqûre de son aiguillon est venimeuse.

La plus grande guêpe de l'Europe est la *guêpe frelon* (tableau VIII, 10), redoutée pour son aiguillon ; un essaim de frelons s'abattant sur un cheval peut le tuer. Les frelons, comme les guêpes, vivent en nombre, bâtissent leur nid de bois qu'ils rongent et humectent avec leur salive gluante, pour en former une substance qui ressemble au papier buvard. Pour détruire un nid de frelons, on l'enveloppe lestement d'un linge, puis on met le tout dans l'eau pendant vingt-quatre heures.

Les guêpes les plus utiles sont les abeilles. Avant que les Européens eussent la soie, la cochenille, ils avaient déjà appris à connaître les qualités des abeilles et à se les rendre utiles.

De tous les animaux au service de l'homme, il n'en est pas qui demandent moins de frais que les abeilles : chevaux, vaches, cochons, moutons, ânes, poules, exigent de grands soins ; l'abeille cherche sa nourriture dans les fleurs, qui la lui fournissent sans se flétrir. Un essaim d'abeilles se compose de la *reine*, des *myles* et des *travailleurs*.

La reine est l'âme de tout l'essaim ; elle est aussi la mère de son peuple d'abeilles, puisqu'elle les a produites ; aussi est-elle traitée avec amour et avec respect. Lorsqu'elle se promène lentement dans la ruche, ses dames d'honneur l'accompagnent : quelques-unes lui présentent du miel, d'autres la nettoient, la caressent avec leur trompe. Si la reine meurt, le désordre, la division, la paresse entrent dans la ruche; tout s'embrouille, tout se désorganise, et si l'espoir d'une nouvelle reine est perdu, alors les abeilles s'envolent et leur royaume est anéanti.

Si la ruche est par trop peuplée, la reine se met à la tête d'un grand nombre d'abeilles pour fonder une autre monarchie; cela s'appelle essaimer.

Les abeilles mâles ne travaillent point, mais aussi, à l'automne, quand les fleurs commencent à se passer, la reine chasse les mâles; s'ils veulent rentrer, ils sont tués. Les travailleurs sont les plus petites abeilles de la ruche; leur nombre est de 20,000; ce sont eux qui font les rayons de miel à alvéoles, qui pompent avec leur trompe le suc des fleurs avec une ardeur infatigable : c'est avec raison qu'on en fait l'emblème de l'activité.

En mai ou juin, le premier essaim est conduit par l'ancienne reine; d'autres essaims éventuels ont une jeune reine avec eux.

IV. — MOUCHES.

Les *mouches*, nommées aussi *bisailés* pour leurs deux ailes à peau veinée; insectes trop connus par leurs importunités.

Si la mouche domestique ne pique ni ne suce, elle harcèle, pénètre dans tout; elle salit tout : aussi emploie-t-on tous les moyens pour la détruire.

C'est en août que les mouches sortent de leurs chrysalides brunes ovoïdes; leurs vers sont dans les tas de fumier, de boue, d'ordures : aussi laisse-t-on les poules gratter le fumier pour chercher les ovules et les chrysalides de mouche.

Semblable à la mouche domestique est la *mouche piquante*, qui, l'été et l'automne, quand il veut pleuvoir, tourmente hommes et bêtes par ses piqûres incessantes; les murs des écuries sont souvent couverts de ces hôtes importuns qu'on peut balayer et écraser. A partir de juin, le *taon* (tableau VIII, 13) s'attache aux bestiaux, de même que le taon de pluie ou le taon aveugle, qu'on peut prendre facilement quand il commence à sucer le sang. Dans les grandes chaleurs qui précèdent les orages, il devient encore insupportable au bétail.

Les *phthioriomies* (mouches-poux) tourmentent les chevaux, les cochons, les oiseaux en leur suçant le sang ; presque chaque espèce d'animaux a son genre particulier de *mouches-poux*.

La *mouche à viande* fait, pendant les temps chauds, des œufs sur la charogne, afin que les vers qui en sortent trouvent de suite leur nourriture ; elle serait pour cela utile si elle ne gâtait pas la viande fraîche et mangeable, sur laquelle elle se pose.

Il y a encore un grand nombre d'espèces de bisailés qui n'offrent rien de remarquable.

Les *puces*, qui n'ont point d'ailes, sont de la même classe ; à l'état de vers, elles vivent dans la sciure de bois pourrie, dans le fumier et dans tout ce qui est malpropre. Onze jours après la chrysalide formée, la puce en sort pour sucer le sang des animaux à sang chaud et les tourmenter.

Le meilleur moyen de les détruire est une grande propreté, ou la poudre insecticide.

V. — NÉVROPTÈRES OU DICTYOPTÈRES.

Les insectes de cet ordre se distinguent par leurs quatre ailes croisées ; ils ne vivent que d'insectes, et sont par cela même utiles.

Qui peut ne pas admirer les *libellules* (tableau VIII, 8), ces êtres à formes élégantes qui volent si légèrement sur la surface de l'eau, où, se posant sur les broussailles du rivage, elles saisissent les insectes qui y rampent ? Le *myrmécoléon*, plus élancé encore que le libellule, lui ressemble beaucoup. Sa larve attrape d'une manière intelligente les chenilles, les araignées, les mouches, les abeilles, etc. Elles se construit dans le sable fin un trou en entonnoir et se coule au fond. Survient-il un insecte quelconque qui se glisse dans le trou, il est aussitôt saisi par les pinces de la larve, et, après lui avoir sucé le sang, elle le rejette hors de sa fosse ; si la proie veut lui échapper, à l'aide de sa tête formée en pelle, elle la couvre de sable et la fait retomber. Si, pendant plusieurs jours, aucune proie ne se présente, elle abandonne son trou pour en creuser un autre dans un endroit qui lui offre plus de ressources ; quelques jours après, elle se transforme en chrysalide en s'entourant d'un fil brillant comme la soie, auquel adhèrent des grains de sable, ce qui lui donne l'apparence d'une boule de sable.

Les *fourmis blanches*, du même ordre, ne se trouvent que dans les pays chauds, et sont très-nuisibles ; leur forme, leur manière de vivre sont les mêmes que celles de nos fourmis.

Leurs fourmilières, construites en commun, ont la forme d'un cône de terre glaise et de sable, et présentent quelquefois 12 pieds de hauteur.

De ces fourmilières, elles pénètrent souvent dans les habitations par des conduits souterrains, et y creusent l'intérieur des boiseries, des poutres, à un tel point qu'il ne reste que la surface.

Il y a quelques espèces de fourmis blanches qui, en creusant un objet, le remplissent au fur et à mesure de terre humectée avec leur salive, afin que l'objet ne puisse, en s'écroulant, les écraser.

Dans les Indes, en Afrique, les fourmilières abandonnées servent de fours aux habitants.

VI. — ORTHOPTÈRES A AILES DROITES.

Les *orthoptères* ont quatre ailes inégales; celles de devant ont l'apparence du parchemin, et celles de derrière sont plissées en long.

Ces insectes de terre, assez désagréables, vivent de plantes, d'insectes, ou sur quelques animaux.

Le *grillon domestique*, dont le cri-cri retentit la nuit, pénètre dans les cuisines, dans les boulangeries, les brasseries, et se trouve dans la bière, le son, l'eau. Le seul moyen de le détruire est de ne laisser aucune ordure et de boucher les fentes par lesquelles il passe.

Le *grillon des champs* (tableau VIII, 14) se tient dans les trous de terre sèche; son cri est le même que celui du grillon domestique.

Le *grillon-taupe*, ainsi appelé parce qu'il fouille la terre pour ronger les racines des plantes.

La *blatte* ou *cafard* s'attaque à toutes les nourritures et perce les habits et les cuirs.

La *forficule* ne se cache que dans les fleurs et les fruits.

Les *sauterelles* se reproduisant peu, causent peu de dommages; cependant les *sauterelles de passage* (tableau VIII, 5), qu'on trouve isolées en Allemagne, en Asie et en Afrique, forment des nuées épaisses à obscurcir l'éclat du soleil, s'abattent sur les champs et les rasent à en faire un désert; ces sauterelles, véritable fléau, sont la terreur des pays qu'elles dévastent; si ces nuées de sauterelles tombent dans la mer, les lames les rejettent sur le rivage, où, se putréfiant, elles causent des miasmes pestilentiels qui donnent la mort. Dieu, qui a voulu que le bien répare le mal, a donné à ces sauterelles leur utilité; les endroits couverts de ronces, d'épines et de chardons sont tellement fauchés par elles, que la terre se trouve préparée pour se couvrir d'herbe et de fleurs l'année suivante.

VII. — HÉMIPTÈRES.

Il y a parmi ces insectes quelques-uns dont l'aspect est si répugnant pour nous, que nous ne pouvons en prononcer le nom sans dégoût; mais le naturaliste trouve dans l'être le plus abject, le plus insignifiant, un vaste sujet d'observations intéressantes : ainsi devons-nous expliquer les *punaises* et les *poux*; ils appartiennent à la classe des hémiptères ou insectes à bec, car leurs organes de mastication sont contenus dans un étui en forme de bec; leurs ailes, quatre ou seulement deux , sont inégales ou manquent chez quelques-uns.

La vilaine *punaise de lit* (tableau VIII, 25) se trouve dans les habitations des hommes et dans les colombiers ; le jour, elle reste cachée dans les fentes ; la nuit, elle en sort pour se repaître de sang.

On dit qu'elle nous vient des Indes-Orientales, d'où elle s'est répandue partout. Son corps est rouge brun, non ailé, ayant 3 lignes de longueur.

La femelle fait tous les étés deux cents œufs ; c'est donc pour nous un petit fléau que ces vilains insectes, si difficiles à chasser des boiseries, des lits et des murs. L'insecticide perse est le meilleur moyen pour les détruire.

La *punaise bleue* (tableau VIII, 16) est plus rare, et ne se trouve que sur les plantes.

Les *alphis* (poux de feuilles), ailés ou non ailés, sont de différentes couleurs, verts, noirs, bruns, jaunâtres et jaunes, vivent en petites colonies sur les plantes de bois, percent un trou

dans l'écorce avec leur bec fin, et sucent la
sève des plantes jusqu'à ce qu'elles périssent.
Ces êtres nuisibles et si productifs sont heureusement croqués par les guêpes, ou ils servent
de nids pour faire leurs ovules; les mouches,
les escarbots, les punaises, les teignes, les
fourmis s'en nourrissent.

L'homme, leur plus grand ennemi, emploie
tous les moyens pour les détruire.

Lorsque, au printemps, dans les jours
chauds, on est assis sous un tilleul ou un acacia,
on sent tomber une pluie fine, ou quelquefois
aussi de grosses gouttes; ce liquide, nommé
miélat, est produit par les *alphis*; il est fort
recherché des fourmis.

Les feuilles aussi distillent une eau du
même nom, mais elle n'est pas douce; sur le
miélat des feuilles se forment des champignons
microscopiques nommés nielles; les alphis laissent, après leur mue, une peau blanche sur les
feuilles gluantes, ce qui produit une autre
espèce de nielles.

L'ordre des hémiptères possède des insectes très-utiles aux hommes, ce sont les *coccidés*, qui fournissent une belle couleur rouge.

L'espèce la plus renommée est la *cochenille* du Mexique ; elle s'attache aux cactiers à co-chenille, que les Indiens plantent autour de leurs maisons, comme nous la vigne.

Au temps des pluies, ils prennent ces insec-tes sur les cactiers et les tuent. 700,000 de ces hémiptères font une livre de cochenille séchée ; c'est pour cette raison que la couleur pourpre est si chère ; cependant l'Europe en consomme par an 60,000 livres, qui coûtent à peu près 4,800,000 francs.

VIII. — ARACHNIDES.

On dit quelquefois des personnes qui ne peuvent s'entendre : elles vivent en querelle comme des araignées ; ce qui veut dire que les araignées sont insociables, méchantes, traî-tres, et que si elles ne se disputent pas elles se mangent les unes les autres, sans parler des insectes auxquels elles font une guerre acharnée.

L'*araignée* est repoussante par sa laideur sinistre et sa marche grimpante ; en général, elle n'est point venimeuse, excepté cependant l'*araignée porte-croix*, qui secrète un corrosif dangereux.

Les araignées sont très-industrieuses ; elles tissent des toiles dont la finesse du fil défie le plus habile fileur ; pour cela, leur corps est pourvu de 4 à 6 papilles ou petites verrues qui ont chacune une multitude de trous. De ces trous elles font sortir une substance gélatineuse liquide, et à l'aide de leurs pieds réunissent tous ces fils en un seul.

Les toiles d'araignées sont tissées de différentes manières : l'*araignée porte-croix* étend sa toile molle et circulaire perpendiculairement, l'*araignée domestique* fait sa toile d'un tissu épais, toujours horizontalement et dans les angles des murs ; au fond de la toile, dans une espèce d'entonnoir, se tient cachée l'araignée, qui guette la proie qui se prend dans ses filets.

L'*araignée labyrinthe* (tableau VIII, 7) fait sa toile en entonnoir dans les broussailles.

Quelques espèces d'araignées, telles que la *tarentule* de l'Italie, *l'araignée des murailles* de la France méridionale, demeurent dans des trous et conduits souterrains, qu'elles tapissent de fine toile.

Elles ne font point de toile pour prendre les insectes ; elles les attrapent en courant ou en sautant : ce sont des araignées vagabondes, tandis que les autres sont fileuses.

Toutes les araignées ont 8 pattes et 6 à 8 yeux qui brillent dans l'obscurité ; quelques espèces se construisent une demeure pour l'hiver, ou bouchent l'ouverture de celle qui leur a servi l'été ; elles y restent dans un engourdissement léthargique dont elles ne sortent qu'aux douces chaleurs du printemps.

Les variations de l'atmosphère agissent sur leur nature impressionnable : si le temps est nuageux, ou s'il annonce l'orage, l'araignée ne file pas sa toile et reste dans son trou ; si, au contraire, le temps est beau, elle travaille ; ce qui fait dire que l'araignée annonce le beau et le mauvais temps comme un baromètre.

Les *scorpions* sont de la classe des arachnides ; ils ressemblent aux écrevisses, seulement leurs pinces font partie de la tête, tandis que chez les écrevisses elles tiennent aux pattes. Les scorpions se trouvent sous les pierres et dans les endroits humides, ou exposés au soleil ; la nuit, ils sortent et courent partout très-vite en courbant leur queue sur le dos et ouvrant leurs pinces ; ainsi, ils sont terribles à voir.

Les espéces européennes (tableau VIII, 11) habitent la France méridionale, l'Italie, et une partie de la Suisse.

L'aiguillon qu'ils portent au bout de la queue est venimeux ; sa piqûre produit l'enflure et des douleurs assez vives ; mais, par des moyens externes et internes, on en guérit promptement. Il n'en est pas de même de la piqûre du scorpion africain, laquelle est très-dangereuse.

IX. — ÉCREVISSES.

Si nous ne voyons pas les *écrevisses* qui se trouvent dans les rivières et les ruisseaux, c'est que le jour elles se cachent dans les trous des rivages. Notre écrevisse commune (tabl VIII, 8) creuse son trou de la grandeur de son corps, et n'y entre qu'en reculant, ce qui lui permet de voir son ennemi approcher, et de se défendre avec ses pinces.

La surface de ses pinces est graveleuse, et l'intérieur est garni de pointes aiguës qui piquent, si elle en fait usage. Les hommes qui les pêchent les prennent avec la main dans les trous. Lorsqu'on arrache une pince à une écrevisse, une autre repousse peu à peu.

De juillet à septembre, sous leur carapace s'en forme une autre, mince et molle, qui fait tomber l'ancienne. Dans cet état, l'animal se sent vulnérable et se cache dans son creux pour ne pas être la proie de ses ennemis ; trois à cinq jours après, la carapace durcit, et l'écrevisse se met en campagne.

Pendant ce renouvellement de la carapace, il se forme un nouvel estomac autour de l'ancien, qui s'annule entièrement.

L'écrevisse est brune, noire, verte, bleue ; sa longueur est de 6 à 7 pouces ; à la tête elle a des yeux visibles, et quatre antennes ; la poitrine est pourvue de dix pieds ; pour respirer elle a des bronchies entre les pattes ; elle peut vivre vingt ans. La nuit, elle cherche sa nourriture, vers, insectes, coquillages, grenouilles, petits poissons, charogne ; la femelle fait au printemps 200 œufs, qui restent adhérents à la queue jusqu'à l'éclosion.

Une grande écrevisse de la mer Baltique et de la mer du Nord est le *homard*, dont la chair savoureuse est recherchée.

Il a des pinces à toutes les pattes, mais les deux du devant sont formidables ; une, plus longue et plus forte, est pourvue de dents.

La longueur de cet animal est de 1 pied 1/2.

Le *crabe* (tableau VIII, 20), d'un pied de long et pesant cinq livres, a le corps ramassé, couvert d'une large carapace. Il se trouve dans les mers de l'Europe; on en fait un mets délicat, et fort rare par sa cherté.

Le *crabe de terre* (tableau VIII, 21) habite l'Amérique méridionale dans des trous de terre humide; pour faire leurs œufs, les femelles se dirigent en masse vers la mer.

De cet ordre sont, l'*écrevisse puceron de ruisseau*, (tableau VIII, 19), qu'on rencontre partout dans les fossés et ruisseaux, et qui est pourvue de 14 pattes; le *cloporte* (tabl. VIII, 23), animal nocturne, qui se trouve dans les endroits humides, les caves, et sous des pierres; le *pataud* (tableau VIII, 22), dans les marais et fossés, et qui, après les étés pluvieux, paraît en grand nombre.

VI. — Vers.

La multitude des vers est presque incalculable, ils se trouvent en quantité incroyable dans l'eau, dans la terre, dans le sable fin, entre les gros cailloux, dans la fange, dans les broussailles, et jusque dans les entrailles des hommes et des animaux. En général, ils ont le corps allongé, composé d'anneaux de chair entourés d'une peau molle et glissante ; quelques-uns ont le sang rouge, d'autres blanc. En ce qui concerne les organes des sens, on remarque chez quelques-uns des yeux rouges ou noirs, des lèvres comme un fil, et des antennes, tandis qu'à d'autres, on ne distingue aucun de ces organes. Leurs mouvements d'étendre et de resserrer les anneaux du corps s'appellent ramper. Ils se reproduisent par des petits vivants, ou par des œufs, ou en se divisant en parties, ils vivent de terre détrempée, de chair corrompue, de jeunes feuilles et de racines.

Les *vers de terre, sangsues, entozoaires,*

solitaires, *taunés* et le *lombric* (tabl. VIII, 25)
sont les familles les plus remarquables de l'ordre des *vers de terre*, qui rongent les petites racines des plantes de jardin et les font faner
pour les détruire. Il ne suffit pas de les couper,
car chaque morceau reproduit un autre ver;
il faut les écraser entièrement pour les détruire.

Les *sangsues* ont le corps plat, un peu arrondi, pourvu à chaque bout d'un suçoir qui
facilite leur locomotion sur la terre; elles
attachent le suçoir de derrière, étendent le
corps et posent le suçoir de devant à l'endroit
où elles veulent aller; alors le corps suit l'impul-
sion. Dans l'eau, elles nagent en serpentant;
elles vivent dans l'eau stagnante, dans les
étangs, les ruisseaux; elles se nourrissent de
petits animaux aquatiques, suceurs de sang de
grands animaux. Cette espèce de sangsue est
employée dans la médecine pour sucer le sang
des parties malades du corps, on la nomme
sangsue médicinale (tableau VIII, 17). En
Allemagne, les sangsues deviennent de plus en

plus rares ; on les importe maintenant de la Pologne, de la Hongrie, de la Valachie.

La *sangsue de cheval*, plus grande et non rayée, se trouve dans les étangs, fossés, et ne peut servir dans la médecine.

Les *entozoaires* (vers solitaires) ont le corps plat et des suçoirs à la tête ; ce sont des vers d'entrailles qui rendent l'homme malade.

Le *ténia à larges anneaux* (tabl. VIII, 24) a de 20 à 30 pieds de long. Les Russes, les Polonais, les Français, les Suisses, en sont atteints plus que les Allemands, les Anglais, les Hollandais, qui ont eux-mêmes quelquefois le *ténia à longs anneaux*, ver de 50 à 80 aunes, très-difficile à faire partir, car les morceaux arrachés repoussent toujours.

Les *taunés* vivent dans l'intérieur des animaux, dans le lard du cochon, dans le cerveau des moutons, ce qui produit chez ces derniers la maladie nommée tournis.

VII. — Mollusques

Les *mollusques* sont les invertébrés dont les organes de digestion et de respiration sont les plus imparfaitement formés. Leurs mouvements sont lents et ont peu de force, parce que les pieds articulés leur manquent. Leur peau est molle, gluante et si ample, que le corps en est enveloppé comme d'un manteau ; le manteau est lui-même recouvert d'une carapace d'une seule pièce, comme aux escargots, ou de deux, comme les coquillages pélécypodes.

La plupart des mollusques vivent dans les mers méridionales, quelques-uns dans la terre humide ; ils se nourrissent de substances végétales, d'autres du sang des autres mollusques de la mer.

De leurs coquillages on fait de la chaux ; les plus beaux deviennent bijoux, ou décorations. Les liquides (sang) de quelques-uns servent à faire de la couleur, d'autres nous fournissent les perles précieuses.

On connaît onze mille espèces de mollusques ; les nuisibles sont les *limaces* et les *escargots*.

I. — LIMAÇONS.

Les *limaçons*, dont le dessous du corps est pourvu d'une peau épaisse qui leur aide à ramper, sont de formes différentes. La tête est visible et porte de 2 à 4 antennes ; les yeux, très-petits, sont à la tête ou sur les antennes ; à quelques-uns ils manquent ; le dos est couvert d'une peau appelée manteau, sur laquelle est une carapace calcaire.

Les plus connus sont : la *limace commune* ou la *grande limace des vignes* (tabl. VIII, 29). Ce mollusque, très-goulu, se contente ordinairement d'herbes, et n'endommage les plates-bandes que rarement. En les regardant attentivement, nous trouvons que la tête et le corps n'ont pas de ligne de séparation.

Les quatre antennes inégales sortent ou rentrent, et les yeux sur les pointes des antennes forment deux petits points noirs.

Sa coquille en spirale, sous laquelle la limace se cache au moindre danger, est blanche en dedans, marron jaune à rayures fondues en dehors ; l'orifice de la coquille est demi-circulaire.

La *limace des vignes* se trouve en Allemagne, en France, en Italie et presque dans toute l'Europe centrale et méridionale, dans les broussailles, les haies, les jardins, les vignes ; le jour elle se cache ; la nuit, ou pendant et après la pluie, elle se montre. En automne, elle s'enferme dans sa coquille, qu'elle bouche avec une espèce de glu. Elle fait ses ovules dans des trous creusés par elle-même ; à l'éclosion, la limace porte déjà sur son dos sa coquille.

On sait que la limace des vignes est un mets fort estimé des gourmets, et que, dans maints pays, c'est une petite branche de commerce ; pour cela les limaces sont dans des fossés préparés pour elles ; on les nourrit d'herbes et de salade. En automne, elles sont apportées sur les marchés dans des tonneaux, ou expédiées en Italie ou en Autriche.

La *limace des jardins* (tableau VIII, 37) se trouve souvent dans les jardins humides, sur les murs. Sa coquille est jaune, à rayures brunes ; en rampant elle laisse une traînée gluante et brillante ; dans les temps humides, elle est funeste aux semences de pois, de haricots et de cornichons, qu'elle ronge avec voracité ; pour l'empêcher de gagner les plates-bandes, il faut semer autour une couche de cendres ou de plâtre.

On les attire aussi par des branches de saule pelées, dépouillées, ou par des bouchons de paille mouillée, alors il est facile de les prendre.

La *limace succinée* (tableau VII, 35) a la coquille ovale, très-mince et d'un jaune de cire. Elle vit sur les plantes aquatiques, et rampe autour des lacs dans les temps humides.

La *limace à fermeture* (tableau VIII, 33, 34), ou le *fuseau*, ainsi nommée par sa coquille en fuseau.

La coquille des *limaces des bosquets* est ronde, de couleur jaune ou rougeâtre, à rayures brunes. Ainsi chaque espèce de limace a sa coquille de forme et de couleur particulières.

Il y en a qui sont fort belles : l'*escalier spiral*, valant deux cents francs pour son coquillage admirable.

La *limace conique* (tableau VIII, 38) est aussi d'un grand prix.

La *couronne du pape* (tableau VIII, 28), la *limace urcéolée* (tableau VIII, 36), etc., etc.

Les limaces sans coquilles ont une espèce de carapace sur le dos. La *grande limace des chemins*, de trois à cinq pouces de long quand elle s'étend, est noire ou jaune rouge, son dos est ridé ; devant le milieu de la carapace se trouve l'ouverture de la respiration.

La *limace rouge de terre* (tabl. VIII, 38) est de la même grandeur.

Ces deux espèces se trouvent aussi dans les forêts, les jardins et les chemins ; en temps sec, on les voit le matin et le soir, et par la pluie, toute la journée. Elles passent l'hiver roulées sur elles-mêmes dans des trous de terre ; elles rongent les différentes plantes et les substances animales, surtout le lard. On fait du sirop d'escargots (limaces) et du bouillon de limaces rouges pour les personnes dont la poitrine est attaquée ; ces remèdes sont, à ce qu'on dit, très-efficaces.

La *limace des caves* est très-nuisible, parce qu'elle ronge les choux, les carottes, les pommes de terre, dans les caves ; on la trouve aussi dans les forêts et les jardins. Elle est plus élancée et plus longue que la *limace des bosquets* ; la couleur est gris cendré, à taches foncées sur le dos ; l'ouverture de la respiration est placée derrière le milieu de la carapace. Le meilleur moyen de les faire partir des caves est d'y semer du sel ou des cendres ; dans l'eau mêlée de cendres, elles meurent vite.

II. — PÉLÉCYPODES (coquillages).

Les *pélécypodes* n'ont aucun organe visible

des sens ; ils se trouvent dans les étangs, lacs, rivières et mers. Le corps est formé d'une masse molle sans forme, entourée d'une peau comme d'un manteau ; entre les plis de ce manteau est la bouche ; ils ont, comme les poissons, des bronchies. Cependant, si la nature a négligé les organes extérieurs, les intérieurs sont mieux formés que chez les autres invertébrés. Comme abri et demeure, ils ont un étui formé de deux coquilles calcaires qui, d'un côté, se terminent par une charnière qui fait ouvrir et fermer le coquillage, lequel s'ouvre pour recevoir la proie et se referme aussitôt après qu'elle est dedans.

A l'approche de l'ennemi, il en est de même, l'animal ferme sa porte.

Dans toutes nos rivières, on trouve la *moule des peintres*, ainsi appelée parce que les peintres conservent leurs couleurs dans ses coquilles à forme d'œuf, terminées d'un bout en pointe. La moule atteint la longueur de 3 à 4 pouces. En dehors, elle est d'un jaune vert ; en dedans, elle est nacrée. Cet animal, mou et blanc, a l'odeur de poisson ; dans quelques pays, on la mange ; les pies et les autres oiseaux de ce genre s'en nourrissent.

Celle estimée la plus précieuse est la *moule perlière*, qui habite en grande quantité les profondeurs des mers d'Orient.

Les plongeurs les cherchent. La plupart des *moules perlières* sont pêchées dans le golfe Persique, près de l'île de Bahrein, et sur les côtes de l'Arabie, non loin de la ville de Kalif, sur les côtes occidentales de l'île de Ceylan, près du Japon et même dans quelques fleuves de l'Allemagne.

On prétend que les perles ne sont autres que des excroissances maladives : ce sont de petits corps sphériques d'un blanc laiteux et brillant, ou aussi d'un noir blanchâtre, qu'on trouve dans la coquille, à côté de l'animal ; leur valeur dépend de leur grosseur, de leur pureté, de leur éclat. Depuis des siècles, elles servent en bijoux de parure aux princes orientaux et aux dames de tous les pays ; sa coquille nous donne la nacre, dont on fait des boîtes, des manches de couteau, des boutons et différents bijoux.

Un mollusque très-utile est l'*huître*, qu'on trouve dans les mers de la zone torride et de la zone tempérée. On la prend par millions dans les petites profondeurs des côtes ; ces cavités se nomment bancs d'huîtres. On la pêche de septembre à fin avril. De petits bateaux montés par deux ou trois hommes s'approchent de ces bancs ; ils rasent le sol de la mer avec leurs filets, dont l'ouverture est un grand anneau de fer ; les huîtres, ainsi détachées, tombent facilement.

C'est une nourriture très-saine que les huîtres ; aussi sont-elles l'objet d'un commerce important. En Angleterre, la pêche en égale celle des harengs. Les huîtres de Trieste, de Venise, sont plus estimées que celles de la mer Baltique.

Le *tontile*, de méchante renommée, parce qu'il perce tous les bois qui se trouvent sous l'eau, les planches des navires, les pieux des digues des ports de mer, ce qui fait qu'on recouvre les vaisseaux de plaques de-cuivre.

VIII. — Zoophytes ou animaux rayonnés

Bien que les animaux de cette classe soient les plus infimes des êtres, la construction de leur corps est si variable qu'elle devient incompréhensible. Les animaux rayonnés ont, au lieu de bouche, des pattes qui partent de l'estomac et sucent la nourriture. Les zoophytes se distinguent si peu des plantes, qu'ils peuvent être considérés comme lien de transition entre les animaux et les plantes. La plupart des zoophytes vivent en nombre immense dans l'eau de mer ; il en est de si petits qu'on ne peut les distinguer qu'avec un microscope.

Les ordres les plus importants sont :

Les *échinodermes*, les *acalèphes*, les *polypes*, et les *animalcules infusoires*.

I. — LES ÉCHINODERMES

Sont couverts d'une peau calcaire à pointes
mobiles et d'un certain nombre de trous par
lesquels sortent leurs pattes rondes. De cette
classe sont les *oursins* et les *astéries*.

L'*oursin commun* (tabl. VIII, 27), qu'on
trouve souvent dans la mer Baltique, est gras
et rond comme une pomme ; il a à peu près
douze cents épines ; sa bouche se trouve en
dessous de son corps, et au milieu. Il se nourrit
de petites écrevisses et de coquilles (mollusques).
L'*astérie commune* (tabl. VIII, 26) est plate et
ronde, et se termine par cinq rayons qui ont
des aspérités rayonnées ; elle est rougeâtre.

Elle se colle, en suçant, contre les pierres
et autres corps durs ; dans la Méditerranée, elle
abonde à un tel point qu'on en fait du fumier

II. — LES ACALÈPHES.

Les *acalèphes* se composent d'une substance
molle et transparente, à forme ronde et plate
ou demi-sphérique. La bouche est entourée

d'un grand nombre de pattes. Ils nagent en pleine mer ; quand on les touche, on sent une vive démangeaison sur la peau ; c'est sans doute le moyen de défense que leur a donné le Créateur. Plusieurs de leurs espèces sont phosphorescentes.

On trouve aussi dans la mer Baltique l'*acalèphe oreille* (tabl. VIII , 32) ; elle est rouge , et ses quatre bras sont bordés d'une peau frisée. Sa locomotion se produit en étendant et en resserrant son corps.

III. — LES POLYPES.

Les *polypes* vivent sur le sol de la mer et dans des eaux courantes ; les uns semblent être une masse cuivreuse ; les autres , et c'est la plupart, enfermés dans des tuyaux de substance calcaire qu'ils produisent , ressemblent à des arbres de pierre qui , croissant toujours , s'élèvent , forment des branches et des ramifications qu'on appelle branches de corail , et qui viennent des *polypes de corail*. La mer où il s'en

trouve le plus a été nommée *mer des Coraux*;
elle est formée par la mer Pacifique, non loin
de nos antipodes.

Cette mer des Coraux a des îles, des bancs,
des écueils de corail qui, du fond de la mer, se
sont élevés jusqu'à la surface. Mais aussi d'autres espèces, le *madrépore*, ou le *corail étoilé*
(tabl. VIII, 34), a formé, dans d'autres mers, des
bancs et des écueils très-dangereux pour la
navigation.

Cependant il y a, parmi les 3,500 espèces de
polypes, quelques-unes d'une certaine utilité.
On en fait de la chaux, du mortier; on s'en sert
comme de pierres pour bâtir. En Arabie, il y a
des villes construites entièrement en troncs de
corail. L'*isis rouge*, dans la Méditerranée, a
la forme d'un petit arbre défeuillé; on en fait
des bijoux précieux, car son corail, étant poli,
prend un bel éclat. Les plongeurs le recherchent dans les profondeurs de la mer. Dans
l'Orient, on le préfère aux diamants, mais chez
nous il est moins estimé.

Les polypes nus sont les *polypes à bras*
(tabl. VIII , 39), qu'on trouve dans les eaux stagnantes ou dans celles au cours lent, sur les
branches des plantes, en étendant leurs bras
pour saisir les animalcules infusoires dont tous
les polypes se nourrissent. Le polype est curieux
à étudier, en ce qu'il ressuscite ; cet animal,
coupé en morceaux, reproduira autant de polypes que de parties ; la tête du polype, fendue,
reformera autant de têtes que de parcelles.

IV. — ANIMALCULES INFUSOIRES.

Lorsque vous mettez des fleurs dans un vase,
vous avez soin que les tiges trempent dans
l'eau ; souvent ces fleurs sont négligées. lorsqu'elles commencent à se flétrir ; eh bien, regardez au microscope l'eau qui les conte-
nait, vous y verrez une multitude d'insectes
géants, plus monstrueux les uns que les autres :
il y en a qui ont cent pieds ; d'autres des têtes
horribles, armées d'antennes qui semblent des
lances ; les uns sont des serpents, des arai-

gnées comme vous n'en avez jamais vu. Eh
bien, tous ces animaux, qui nagent dans une
goutte d'eau, qui, pour eux, est comme un
monde, sont des animalcules infusoires dont
chacun est deux mille fois plus petit qu'une
ligne, et que vous ne pouvez voir à l'œil nu.

Cependant les passions agitent ces peuplades
invisibles : elles se font la guerre comme les
carnassiers, s'entre-déchirent mutuellement la
proie. La plupart sont nus, d'autres couverts
d'une écaille calcaire ou silicifère ; à quelques-
uns on remarque une queue, à d'autres des
poils, des suçoirs. On n'a pu y voir les organes
des sens ; cependant, les deux petits points noirs
au-dessus de la bouche, on les prend pour les
yeux ; dans l'intérieur du corps, ils ont de petits creux qui sont l'estomac. Le plus microscopique des animalcules, c'est la *monade*, qu'on
peut voir dans l'eau qui a séjourné sur
des graines de plantes, c'est-à-dire l'eau corrompue.

L'*animalcule à œil* (tabl. VIII, 43) est

aussi très-petit; il a une queue comme un fil, et un œil rouge (un point). L'*animalcule disque* (tabl. VIII, 41), plat et oblong, occupe dans l'espace la 200ᵉ partie d'une ligne. L'*animalcule boule* (tabl. VIII, 44) a la grandeur d'un tiers de ligne, et est visible à l'œil nu; au microscope, on le voit tourner régulièrement sur lui-même. L'*animalcule sein* (tabl. VIII, 42) est uniforme et a des poils à l'abdomen.

Les *animalcules infusoires* existent en si grand nombre que l'eau en est souvent teintée; le rouge de nos eaux stagnantes vient des monades.

Leur reproduction est si rapide qu'ils ont embourbé des ports de mer; par contre, ils servent de nourriture à d'autres animaux.

Enfin, ils sont pour nous la preuve que rien dans la nature n'est insignifiant, et que la toute-puissance de Dieu se manifeste par la goutte d'eau aussi bien que par la mer insondable.

B. — RÈGNE VÉGÉTAL.

I

Au printemps, quel charmant aspect nous offre la campagne ! comme la nature reverdie étale pour nous toutes ses parures ! Les arbres se couronnent de fleurs ; les prairies, d'un vert tendre, s'émaillent de mille couleurs ; les forêts, par leur vêtement, si nouveau, si gai à l'œil, par leurs douces nuances, nous attirent dans leurs détours, et les oiseaux y reviennent pour célébrer par leurs chants cette création nouvelle.

Avant de former l'homme et les animaux, Dieu créa d'abord les plantes, afin qu'elles leur donnassent la nourriture et l'abri : quelle sagesse divine ! Que deviendrions-nous, sur cette terre dénudée ? Nous ne verrions que terre, eau et pierres ; exposés à l'ardeur du soleil, aux fureurs des vents, à la faim aussi, puisque c'est le règne végétal qui nous produit tout ce qui nous est nécessaire : blés, légumes, fruits. Il nous fournit des boissons, des huiles, des liquides, des épices, du sucre, du bois, du miel, de la cire, les médicaments, la laine, le coton. Nos animaux domestiques y trouvent leur nourriture.

Les plantes purifient l'air et, le soir, émanent de doux parfums.

Ce sont les plantes aussi qui, en pourrissant, fument la terre.

II

Les plantes, de même que les animaux, sont répandues sur la terre. La zone torride est la plus riche en végétaux. Là, la nature, active et infatigable, produit ce qu'il y a de plus beau, de plus admirable : le palmier élancé y élève vers le ciel sa couronne majestueuse ; les arbres à essence parfument l'air ; les autres donnent le baume qui guérit, la cire qui éclaire, le camphre qui garantit des mauvaises émanations de l'air ; le caféier pousse près du cotonnier, le théier à côté de l'indigotier ; là, le riz remplace le blé ; les fruits du jaquier, du palmier, la banane, offrent aux habitants de ces pays leur pulpe savoureuse.

Si nous, habitants de la zone tempérée, nous nous trouvons moins richement gratifiés, cependant nous avons des prairies bien herbeuses qui nous donnent la nourriture de nos animaux domestiques, les blés croissent en abondance, l'arbre nous prodigue ses fruits, la vigne son doux raisin qui nous procure un breuvage fortifiant; le bois des forêts entre dans la construction et nous chauffe; les fleurs abondantes embellissent nos appartements et charment nos yeux par leurs vives couleurs, et l'odorat par leurs agréables parfums.

Plus on s'approche des pôles, plus la végétation devient pauvre : si les forêts de pins et de sapins résistent au froid, ils sont difformes et petits. Le renne, animal très-sobre, cherche sa nourriture de mousse sous la neige et la glace.

III

En regardant de près une plante, nous admirons ce travail de la nature qu'aucun homme ne peut imiter parfaitement, quel que soit son talent ; alors, reconnaissant notre impuissance, nous nous inclinons devant l'œuvre du Créateur de toutes choses.

Cependant, toutes belles que les plantes paraissent à nos regards, elles ne sont formées que de tuyaux cellulaires. Les cellules elles-mêmes ne sont que de petites boules de différentes formes, d'un tissu tendre, desquelles le diamètre n'est que la 500ᵉ partie d'une ligne. On trouve dans quelques plantes, entre les cellules, des tuyaux particuliers qui, se communiquant aux autres, sont remplis d'air ou de suc des cellules mortes. Le liquide aériforme qui contient la substance des plantes est absorbé par les racines ou les feuilles des plantes et y circule, par l'influence de la chaleur et de la lumière.

IV

Les conditions principales de la vie végétale sont : la lumière, la chaleur, l'air et l'humidité. Si ces conditions sont remplies, si la terre est appropriée à la plante, sa croissance, sa prospérité ne manqueront pas.

La plante se divise en : *racines*, *tronc* (tige) *branches*, *rameaux*, *feuilles*, *fleurs* et *fruits*. Les *racines* sont formées de différentes manières, ou *ramifiées*, *fibreuses*, *tuberculeuses* ; elles servent, soit à retenir et à fortifier la plante à l'endroit où elle est plantée, soit à l'absorption du suc. De la racine naît le tronc (ou la tige) qui sort à peine du sol, ou s'élève dans les airs comme tronc à forme cylindrique.

Les buissons, les broussailles, les arbres ont le tronc boiseux ; les herbes (brin), creux et noueux ; la tige, vert et flexible. Le tronc ou la tige conduit les sucs des racines et sert de support à la plante. Quand on coupe le tronc transversalement, on distingue, à commencer par l'extérieur, d'abord l'*écorce*, puis l'*épiderme*, l'*aubier*, le *bois* et la *séve*.

L'*écorce* est l'enveloppe protectrice : dessous est l'*épiderme*, la partie la plus importante du tronc, car c'est par elle que monte le suc ; ainsi, en l'endommageant tout autour du tronc, la circulation du suc est interrompue et l'arbre périt. Sous l'épiderme se forme l'*aubier* ou le jeune bois, dont la couche annulaire se durcit et forme chaque année un nouveau cercle ; sous l'aubier est le *bois dur*, et au centre se trouve la *séve* (ou *moelle*), qui, dans les grands arbres, se sèche et laisse vide le tuyau qui la recélait.

Les tiges herbacées possèdent beaucoup de séve. Du tronc sortent les *branches*, les rameaux qui couronnent l'arbre ; les *feuilles* sont des produits plus ou moins étendus et plats, presque toujours verts, qui viennent des boutons, ou du tronc, ou des branches, en différentes poses et formes ; elles peuvent être considérées comme organes de respiration des plantes. Vers l'automne elles tombent presque toutes à la fois, ou elles durent plusieurs années ; mais alors elle se perdent une à une. Quand les arbres se dépouillent de leurs feuilles avant l'époque régulière, par exemple par les chenilles, alors ils périssent, faute d'exhalation.

La plus belle partie de la plante est la *fleur* ; elle prête à la nature son plus grand charme : les blanches fleurs des arbres fruitiers, l'or de celles du colza, le vermillon de celles des prairies, parent à certaines époques toute une contrée.

Non-seulement les fleurs nous ravissent par leur beauté, mais elles nous attirent par leurs suaves et doux parfums ; nous les admirons sans penser qu'elles unissent l'utile au beau et à l'agréable, car c'est la fleur qui produit le fruit ; cependant elle manque à quelques basses espèces de plantes, mais elle est d'autant plus parfaite à d'autres.

Elle se compose du calice et de la corolle ;

au milieu de la fleur se trouvent les organes
de la fécondation, le pistil et les étamines, qui
sont différents en nombre et en forme. De la
fleur se développe le fruit, dont la partie la
p'us importante est la graine, qui contient le
germe de la future plante; sortie elle-même
du germe d'une graine, la plante reproduit
des graines avec de nouveaux germes. C'est
ainsi que le Créateur a établi l'équilibre du
règne végétal.

V

Les plantes n'ont point la faculté de se mou-
voir, ni de sentir; elles se reproduisent par
des germes, et croissent, vivent et meurent.

Leur nombre est immense, et il serait impossible d'en avoir un aperçu, si on ne les
avait pas groupées, d'après certaines analo-
gies, en petites divisions; on les divise de
plusieurs manières, mais la plus simple est
d'en former 6 classes: *palmiers, arbres, broussailles, herbages, graminées* et *plantes à or-*

ganes de fécondation non perceptibles, ou plantes sans germe.

Ire Classe. — Palmiers.

Le *palmier* est la plus riche et la plus belle production de la terre, car il contient en lui tout ce qui est nécessaire à la vie de l'homme : aussi les peuples de la zone torride bénissent-ils Dieu de leur avoir donné cette abondance inépuisable. Si nos graminées nous donnent la farine, les arbres le bois, la vigne le vin, le chanvre la toile, l'arbre le fruit, le palmier réunit tout cela, ou le remplace. En général, le palmier est une *plante arbre* qui a comme signe caractéristique : le tronc mince, haut, droit, élancé et sans branches, et couvert à la surface de filaments (écailles), d'épines, de tiges et de feuilles qui y sont restées; le palmier jeune se développe de la graine en une simple feuille semblable à un brin d'herbe. Lorsque cette feuille tombe, d'autres la remplacent; elles tombent aussi en laissant au tronc, qui pousse en hauteur, des restes (écailles) qui, s'y collant, lui forment comme une écorce, car les palmiers en sont dépourvus, ainsi que de branches et de rameaux. Du centre de leur tronc sortent toujours de jeunes pousses qui, à la perfection de l'arbre, lui font un diadème magnifique de feuilles.

Les feuilles du palmier, de 20 pieds de long, sont toujours vertes et pendantes comme des plumes, ou s'étendent en éventail. La croissance du palmier est lente ; ses fleurs sont très-petites et se touffent en grappes.

Les espèces de palmiers les plus utiles sont le *cocotier*, le *sagoutier*, le *dattier*.

Le cocotier atteint la hauteur de 70 à 80 pieds, n'en ayant que deux de diamètre vers le sol, et un seulement en haut ; son tronc élancé et gracieux, et un peu incliné, se couvre à sa surface de cicatrices de feuilles en demi-lune, ce qui le fait paraître inégalement frisé.

Cet arbre porte des fruits en forme d'œufs

de la grosseur de la tête d'un enfant, ces fruits sont des cocos ; leur liquide blanc se nomme lait de coco et est une boisson rafraîchissante. En laissant mûrir le fruit, le liquide se durcit et devient amande ; de ces amandes pressées, on fait de l'huile de palme, employée dans les remèdes, et le savon. On engraisse avec le résidu des cocos les chèvres et les vaches, ce qui leur fait donner du lait en abondance. Les feuilles de palmier servent à faire des paniers, des écrans, etc. ; leurs côtes et les enveloppes des fruits, des cordes, des brosses, des pinceaux, des balais, etc., etc. Les pousses de la cime sont un bon légume appelé chou-palmiste, et le suc des grappes de fleurs donne du sucre et du vin de palmier.

L'abondance de ce roi des palmiers est si grande, que 6 à 10 peuvent suffire à tous les besoins d'une famille indienne.

Ne nous étonnons pas si la religion des Indous a fait de cet arbre précieux un objet de culte ; l'homme qui l'endommage est regardé comme un criminel ; celui qui le coupe, comme un meurtrier impie !

Après le cocotier, le *dattier* est une des espèces les plus utiles ; c'est aussi un bienfait de la Providence pour les peuples de l'Orient que le dattier, qui, dans les oasis au milieu du désert, offre aux voyageurs altérés son fruit rafraîchissant.

La vie serait impossible aux Arabes nomades sans ce fruit qui les nourrit, ainsi que leurs chameaux, leurs chevaux, leurs chiens.

Des dattes on fait de la marmelade, ou on les rôtit et on les sèche ; on les emploie aussi dans la pâtisserie.

Dans ce pays, chaque porte, chaque poutre, est de bois de dattier ; les pauvres demeurent dans des cabanes construites de feuilles de cet arbre.

IIe Classe. — Arbres.

Après les palmiers, les arbres sont les plantes les plus hautes ; ils ont un seul tronc boisseux qui, à une certaine hauteur, se divise en bran-

ches et rameaux, desquels sortent les pousses,
les feuilles, les fleurs. Les racines sont ramifiées, fortes, et s'enfoncent profondément dans
la terre; d'autres s'étendent dans la couche
de terre supérieure.

La plupart des arbres vivent longtemps;
leur utilité étant très-grande, on les soigne
toujours très-bien.

Ordinairement on les divise en arbres fruitiers, arbres des forêts, arbres exotiques.

I. — ARBRES FRUITIERS (OU ARBRES DES JARDINS).

Ces arbres se trouvent partout, dans les
alentours des villes, des villages ; dans les pays
froids et sur les montagnes, ils manquent,
car ils demandent un climat doux, et prospèrent
mieux dans les endroits protégés contre le vent.

On les cultive pour leurs fruits, mais leur bois
aussi sert à brûler et à faire des ustensiles de
ménage. Les principaux arbres fruitiers sont le
poirier, le pommier, le cerisier, l'abricotier,
le pêcher, le cognassier.

Le *pommier* existe en deux espèces sauvages, dont l'une porte des fruits aigrelets, l'autre douceâtres ; les deux espèces sont connues sous le nom de pommes sylvestres ou sauvages.

Par la greffe, on a fait de ces deux espèces plus de cent variétés à fruits savoureux.

Les racines des pommiers pénètrent profondément dans la terre, de laquelle elles absorbent le liquide vivifiant. Le pommier demande un sol bon, frais, sec et tempéré ; à ces conditions, le tronc, d'une hauteur moyenne, devient fort, la couronne ronde, large et écartée ; son écorce polie s'écaille en lames ; les feuilles, rondes, allongées, à bords dentelés, sont laineuses en dessous, sa fleur, d'un blanc rougeâtre, a le calice et la corolle composés de cinq folioles. Les parties extérieures de la fleur tombées, l'ovaire se développe. Le fruit est employé de diverses manières.

Dans les contrées riches en fruits et pauvres en vignes, on fait des pommes une boisson saine, nommée cidre, mais qui ne se conserve guère que deux ans.

Le *poirier* ressemble au pommier, mais il est plus haut et se couronne en pyramide ; ses feuilles ne sont pas laineuses, et l'écorce, au lieu d'être écaillée, est fendillée perpendiculairement. Même en hiver, le poirier se distingue facilement du pommier par ses boutons pointus, polis, unis, et le point s'éloignant de la branche, tandis que ceux du pommier sont poilus, tronqués, et collés contre la branche.

Le poirier fleurit au commencement de mai, avant le pommier ; les fruits sont ovales et les plus doux de toutes nos espèces de fruits. La pulpe, étant moins consistante que celle de la pomme, ne se conserve pas si bien ; crue, cuite, séchée, la poire est toujours bonne.

Le bois de l'arbre est dur et solide, et s'emploie dans les travaux de menuiserie.

On fait aussi du cidre de poire.

Le poirier, comme le pommier, a deux espèces sauvages dans les forêts de l'Europe.

On a fait, en greffant les poiriers sauvages, quinze cents variétés.

Le poirier exige un sol chaud et sablonneux.

Le *cognassier* se trouve chez nous comme broussaille ou petit arbre irrégulièrement ramifié ; jeune, il a les branches blanches et feutrées ; les feuilles sont à bords entiers et feutrées en dessous. En mai, les fleurs, grandes, blanchâtres et un peu rousses, éclosent au bout des rameaux et forment le fruit jaune, épaissement feutré et de la grosseur d'une belle poire.

L'odeur très-agréable de ce fruit le fait croire excellent ; mais le goût en est âpre, et il n'est mangeable que confit.

Le bois de cet arbre est dur et sert aux menuisiers et aux tourneurs.

Cet arbre, qui végète partout, prospère mieux dans les endroits ombragés.

Pommes, *poires* et *coings* sont désignés par le nom général de fruits à pépins, parce que les pépins sont placés dans la pulpe et couverts d'une enveloppe, d'un tissu ferme, tandis que les prunes, les cerises ont leur pépin dans un bois assez dur nommé noyau : on appelle ces espèces fruits à noyau.

Les meilleurs sont : les pêches, les abricots, les prunes, les cerises. Le *pêcher*, de la hauteur de 15 à 20 pieds, a les branches brun foncé et grisâtres ; les feuilles sont lancéolées et dentelées ; il nous vient de la Perse, et offre beaucoup de variétés.

Ses fleurs paraissent avant les feuilles, en avril et mai ; elles sont roses et odorantes ; les fruits, ronds, ont une enveloppe unie ou veloutée, selon la variété. La pulpe du fruit est jaune, blanche, ou rouge ; on la mange fraîche, confite ou sèche. Les meilleures variétés se cultivent en France.

L'*abricotier* atteint la grandeur du pêcher, et ses fleurs blanches, à reflet rougeâtre, paraissent aussi en mars et avril, avant les feuilles ; mais ses feuilles ovales se découpent en cœur. Cet arbre nous vient de l'Arménie, et on le cultive beaucoup pour ses fruits.

Un des fruits les plus importants des fruits à noyau est la *prune* : elle est non-seulement un excellent fruit de table, de pâtisseries et autres mets, mais, séchée, elle est un article de commerce pour la France et l'Allemagne, qui l'expédient dans tous les pays. Cet arbre nous vient de l'Orient, qui nous a donné presque tous les fruits.

Il végète dans tous les genres de sol, n'importe où on le plante ; son bois dur est d'un rouge brun ; les tourneurs et les menuisiers l'emploient.

La peau de l'amande du noyau contient de l'acide prussique ; ce qui peut causer la mort à celui qui mangerait beaucoup de ces amandes.

Dans les champs, les jardins, les forêts même, sur le sol mauvais et sablonneux, nous trouvons un buisson ou un arbre de 12 à 20 pieds de hauteur à écorce polie, grise, à branches minces et pendantes, à feuilles ovales et dentelées. C'est le *cerisier à fruits acides,* qui a aussi d'autres noms, tels que griottes, merises, etc., etc.

En avril et mai, les fleurs enveloppent l'arbre de leur neige ; des fleurs font naître jusqu'au mois d'août des fruits ronds, rouges ou noirs, à tiges longues, à goût aigrelet ; confit ou frais, c'est une nourriture saine. La variété la plus recherchée est l'amarelle.

Le *cerisier à fruits doux* se distingue du précédent par sa grandeur, ses branches montantes et ses feuilles pendantes et pointues.

Le fruit, un peu ovale, contient un liquide doux.

Il tire son origine du cerisier sauvage, et par le greffage il a été changé en différentes variétés qui diffèrent en grandeur et couleur des fruits. Séchées, les cerises forment un article de commerce ; la petite cerise sauvage fournit une liqueur spiritueuse appelée *kirschwasser* ou *kirsch*. Son bois, beau et dur, se travaille, et la résine qui coule des fentes de l'écorce sert d'enduit.

Si nous jetons le noyau des cerises et des prunes, il est d'autres fruits où nous jetons l'enveloppe pour ne manger que l'amande : c'est la *noix*.

Le *noyer* nous vient de l'Italie ; c'est un arbre ombreux qui s'élève de 40 à 80 pieds, et croît dans toute la France et l'Allemagne, dans un terrain sec et léger ; mais les pays méridionaux et montagneux lui conviennent mieux. Les noix mûres contiennent un noyau de bon goût et huileux ; le fruit non mûr se confit ; du bois de l'arbre, on fait des meubles de toutes sortes.

II. — ARBRES DES FORÊTS.

Il y a certaines espèces d'arbres qui croissent ensemble et en grand nombre ; ce sont les arbres des forêts. On les soigne pour leur bois, employé dans la construction des maisons, des navires, pour le chauffage et les ustensiles de ménage. D'après la qualité, on divise les arbres des forêts en durs ou tendres ; parmi les durs, on compte les *chênes*, les *hêtres*, les *bouleaux*, les *ormes*, les *aulnes*, les *frênes*; parmi les tendres : les *pins*, les *sapins*, les *pinastres*, les *tilleuls*, les *peupliers*, les *saules*.

Les *ormes*, *aulnes*, *saules*, *frênes* ne forment pas de forêts, ils croissent isolément entre les autres arbres.

Le bois dur a des filaments plus durs et plus resserrés que ceux du bois tendre, conséquemment il contient plus de bois sur la même circonférence et il est plus lourd. Il existe une grande différence dans les feuilles des arbres forestiers. Les uns se couvrent, l'été, de feuilles de toutes formes : ce sont les arbres à feuillage; les autres portent toute l'année des aiguilles (feuilles) d'un vert foncé, minces, fermes et pointues : de là leur vient le nom d'arbre à feuilles aciculaires.

A. — LA FORÊT A FEUILLAGE (feuilles larges).

Sous ce vaste dôme de verdure que forme une forêt à feuillage, nous sentons en y péné-

trant une fraîcheur bienfaisante qui nous
ranime. De tous les arbres qui peuplent une
forêt, le chêne les surpasse en hauteur, en
majesté, en force ; les poëtes en font le roi des
forêts. Avant Jésus-Christ, on l'adorait comme
un arbre béni ; son tronc robuste, ses branches
richement feuillées, son front orgueilleux qui
domine, semblent annoncer qu'il peut résister
à la fureur des ouragans.

Il doit être âgé de deux siècles pour avoir la
taille gigantesque de 100 à 180 pieds, et 20 à
30 pieds de circonférence.

En mai, le chêne porte des fleurs, petites et
cylindriques, s'arrondissant des deux bouts,
lesquelles deviennent des noix ovales ou glands
qui, d'un côté, adhèrent à un petit calice.

Le vent et le froid effeuillent les arbres,
excepté le chêne, qui garde l'hiver ses feuilles ;
bien que fanées, elles ne tombent que lorsque
les jeunes feuilles viennent au printemps
chasser les anciennes. On distingue dans nos
forêts deux espèces de chênes.

Le *chêne rouvre* et le *chêne à grappes*.

Le premier n'atteint ni la grosseur ni la hauteur du second ; les tiges de fleurs lui manquent totalement, voilà pourquoi on l'appelle chêne sans tiges.

Le chêne à grappes est l'espèce la plus commune, dans les forêts de l'Allemagne méridionale et occidentale ; il lui faut pour prospérer une terre poreuse, argileuse et profonde, dans laquelle ses fortes racines puissent s'étendre profondément, sinon l'arbre devient courbé et difforme.

Pour l'homme, le chêne se montre généreux, comme il convient à un roi ; son bois dur et consistant est choisi pour la construction des bateaux ; son écorce, contenant une grande quantité de substance corrosive, est bonne pour le tannage, si elle est enlevée aux arbres de 16 à 20 ans : son fruit (glands) engraisse les cochons.

De ce même fruit réduit en farine, on fait une espèce d'infusion pour les personnes nerveuses et les enfants.

En Espagne, en Portugal, au midi de la France, on trouve le *chêne liège*, dont l'épaisse écorce sert à faire les bouchons. Les galles viennent du *chêne à galles*, petit arbre ou broussailles de l'Asie Mineure. La *guêpe à galles* pique avec son aiguillon les feuilles de cet arbre, y dépose ses œufs, autour desquels se forment des aspérités; avant l'éclosion de la larve, on enlève ces excroissances pour en faire usage dans la médecine, la teinture et l'encre. Nous avons aussi des arbres qui portent ces galles, mais elles ne valent rien, par le peu de substance coriace qu'elles contiennent.

Après le chêne, le *hêtre*, à tronc élevé, à feuillage épais, est le plus bel ornement de nos forêts. L'espèce la plus commune est le *fagus sylvatica* ou *hêtre des forêts*, hêtre rouge.

Il atteint la hauteur de 80 à 100 pieds; son écorce est unie et blanchâtre; ses branches larges, s'unissant aux rameaux bruns, forment une coupole ombreuse sous laquelle les oiseaux chanteurs viennent s'abriter.

Quelque temps après la pousse des feuilles, l'arbre donne des fleurs en chaton rond, et les fruits, faînes, tombent en octobre; ce sont des noix d'un brun brillant qui sortent d'une enveloppe épineuse à quatre compartiments.

Le hêtre prospère dans toutes les terres, excepté dans le sol sablonneux et marécageux; il accomplit sa croissance dans 120 à 140 ans, et ne produit avec fécondité des fruits qu'à 60 ans.

Les noix de hêtre sont données aux cochons, ou, pressées, on en fait une bonne huile.

Le bois de cet arbre est très-bon à brûler; ses copeaux entrent dans la fabrication du vinaigre.

Le *charme* est le meilleur bois pour le chauffage; on en fait aussi, pour sa solidité, des vis, des manches d'outil, des dents de roues à moulin. Le charme fait peu de forêts régulières; on le plante le plus souvent pour des haies, parce qu'il supporte bien la taille, se ramifie abondamment et n'héberge que peu d'insectes.

Le *bouleau* est aussi un très-bel arbre, qui, dans nos forêts, ne se trouve qu'en petits groupes, mais au nord de l'Europe il forme des forêts étendues; de 50 à 60 ans, sa hauteur, de 60 à 80 pieds, est complète, et son diamètre de 1 à 2 pieds.

L'arbre entier est flexible, élastique; son tronc, bien arrondi, jeune, est d'un blanc poli et brillant. Les branches élancées s'élèvent en angles aigus et laissent pendre des rameaux courbes à écorce brune.

Les feuilles de sa couronne sont si clair-semées, qu'elle ne peut donner asile à un petit nid d'oiseau. Cependant, dans les courts étés du nord, le chevreuil, l'élan, viennent chercher l'ombre des forêts de bouleau; le coq du même nom se promène sous ce léger ombrage.

Cet arbre est d'une grande utilité pour les peuples des pays froids, qui ont peu de bois, de buissons; du bois de bouleau ils construisent des nacelles, en couvrent leurs cabanes, le brûlent ; les feuilles nourrissent leurs moutons, leurs bestiaux, leurs chèvres ; de la séve ils font une espèce de bière ou de vin. Dans l'Europe méridionale, on emploie le bois de même, et de l'écorce on fabrique des tabatières, des cercles de tonneaux ; des rameaux on fait des balais, du noir pour les peintres et les imprimeurs.

Dans quelques pays, on décore les maisons, les églises de branches de bouleau, en signe de joie au retour du printemps.

Il y a cependant une espèce de bouleau qui est l'emblème du deuil, de la tristesse : c'est le *bouleau pleureur*, qui orne les cimetières de ses branches longues et pendantes. D'autres arbres à feuillage, tels que, *peuplier*, *tilleul*, *saule*, *orme*, *frêne*, *châtaignier*, *érable*, ne forment jamais de forêts, mais ils parent les paysages, et ont leur emploi utile.

B. — LES FORÊTS D'ARBRES CONIFÈRES

Si, en quittant la forêt d'arbres à feuillage, où mille oiseaux nous font entendre leurs douces mélodies, nous entrons dans une forêt à arbres conifères, nous sommes entourés d'un silence étrange qui n'est interrompu de temps à autre que par le battement des pies contre les arbres, ou par le croassement des corbeaux.

Tous ces arbres, hauts, élancés, à l'aspect sévère et triste, qui en hiver même conservent la même verdure, sont des *pins*, des *sapins*, des *pinastres*, des *pins d'Écosse*, etc., etc.

Il est facile de distinguer ces arbres les uns des autres en étudiant la forme des feuilles, qui restent toute l'année.

Ces feuilles sortent une à une, ou par deux, cinq, ou en touffes. Le *sapin* a ses feuilles courtes, pointues, et séparées les unes des autres ; de cette espèce sont le *sapin du nord*, le *sapin rouge*, le *sapin noir*. Lorsque les feuilles sont à deux pointes et linéaires, et disposées en deux rangs, c'est le *sapin ordinaire ou résineux*. Lorsque deux feuilles viennent du même point, c'est le *pin commun, pinastre*. Le *pin de weymouth* a cinq feuilles ensemble, le *mélèze* (tabl. XVI, 21 *b*), qui a ses feuilles plantées en touffes. Les sapins sont les principaux arbres des forêts de l'Allemagne. Ils couvrent le sommet des montagnes; ainsi, les hauteurs du Fichtelgebirge (1), du Erggebirge, du Riesengebirge, de la forêt Noire, de la forêt de Bohême et de la Thuringe, sont boisées de sapins et de pins. Mais, pour voir ces forêts dans l'état inculte, il faudrait parcourir l'Esthonie, la Livonie, la Courlande : là sont encore d'épaisses forêts vierges qu'aucun pied humain n'a foulées; là les sapins et les pins s'élèvent à une hauteur prodigieuse vers le ciel. Ces arbres innombrables, dont les rameaux

___

(1) Le mot gebirge en allemand, veut dire chaîne de montagnes.

et les branches s'entre-croisent, s'enchevêtrent, se mêlent à d'autres plantes parasites, rendent ces forêts inextricables ; les dommages causés par le froid, la neige, la tempête, restent inaperçus dans ce chaos de verdure impénétrable.

Les loups, les ours, le lynx, y ont établi domicile ; les pigeons sauvages les coqs de bruyère, de pins, mêlent leurs cris aux hurlements des animaux féroces ; les clairières à prairies sont des marais profonds que le lynx ne peut traverser ; l'aigle noir niche à la cime des pins, le coq de bruyère, le soir, y vole ; les écureuils s'élancent d'arbre en arbre ; le lynx guette, sur une branche, le chevreuil sur lequel il va fondre ; l'ours y est partout, et l'homme a sa cabane sur la lisière de la forêt, dans les champs ouverts.

Pour l'homme, peu de familles de plantes ont autant d'importance que les arbres à feuilles conifères. Demandez au tonnelier, au tourneur, au menuisier, à l'artiste, ils loueront, ils béniront cet arbre ; le marin fait, des plus hauts sapins, les mâts de ses vaisseaux ; le scieur de long, des planches, des lattes ; on tire de cette plante la térébenthine, la colophane, le goudron, la poix et du noir. Le charbonnier la change en charbon pour le serrurier et le forgeron, etc. Les pauvres se chauffent de la pomme du pin, et de ses feuilles font des litières pour les bestiaux ; l'écorce extérieure sert à faire le tan, et l'ultérieure, mêlée de farine, se cuit en pain par les peuples du Nord. Le Nord serait presque inhabitable si les conifères n'y existaient pas.

Le *génevrier*, conifère aussi, dont le fruit produit une épice et une liqueur spiritueuse par la distillation ; brûlé, il a un arome purifiant ; beaucoup d'oiseaux s'en nourrissent.

Le *taxus* (tabl. XI, 22 *b*), contient dans son écorce, ses feuilles, ses fruits, des substances vénéneuses qui tuent les animaux qui en mangent.

Le *cèdre* (conifère), magnifique arbre, célèbre par son bois dur et parfumé, qui fut

employé dans la construction du temple de
Salomon, à Jérusalem, vient du Liban.

III. — ARBRES EXOTIQUES.

Tout riche que notre pays soit en arbres de
toutes les espèces, cependant nous avons recours aux climats chauds pour les produits des
arbres qui y naissent.

Le *citronnier*, cultivé sur les bords de la Méditerranée, en Italie, nous fournit ses fruits
jaunes dont le jus est rafraîchissant, et dont
l'écorce sert à faire de l'essence de citron.

L'*oranger* nous envoie ses fruits de l'Espagne.

L'*olivier* nous donne les olives qui font
une très-bonne huile.

Le *giroflier aromatique* des Moluques a ses
clous de girofle, qui produisent de l'essence.

Le *cannellier de Ceylan* (tabl. IX, 9 *a*); par
l'écorce de ses jeunes branches et rameaux,
nous avons la cannelle.

Le *grenadier* (tabl. IX, 12), répandu dans le

pays méditerranéen , est doté de pommes de grenade, fruit très-savoureux et rafraîchissant.

Le *muscadier* (tabl. X, 22 *a*), dont la noix est une épice digestive.

Le *guttier* (tabl. X, 23) produit la gomme-gutte, qui, en peinture, est la couleur jaune; il prospère dans l'Amérique méridionale.

Le *cacaoyer* (tabl. X, 18), cache dans ses fruits, en forme de courge, le cacao, dont on fait le chocolat; et enfin le *caféier*, qui nous est devenu si important : l'Europe consomme par an 250 millions de livres du fruit de cet arbre, qui nous vient du Brésil, des Indes-Occidentales et de Java.

Il y a trois cents ans, le café nous était inconnu. Tout le monde apprécie le salutaire effet que produit une tasse de café : elle fortifie, anime, rend la gaîté au cœur, éveille l'intelligence, et éperonne la verve du poëte.

IIIᵉ Classe (buissons) Broussailles.

Quelques plantes ne peuvent s'élever en arbres : ou elles sont dans une terre mauvaise pour elles, ou le climat ne leur convient pas ; elles forment alors une broussaille, tandis que d'autres cultivées artificiellement, deviennent arbres.

Les broussailles poussent des racines en plusieurs troncs. Elles se trouvent dans les champs, les jardins, les parcs, les forêts, et sont soignées par les hommes comme les arbres.

Les unes sont utiles par leurs fruits, leur bois ; d'autres bordent, sous le nom de haies, nos champs, nos jardins, et servent de bosquets à nos oiseaux chanteurs.

D'autres sont vénéneuses ; nous préviendrons le danger en apprenant à les connaître.

I. — BROUSSAILLES INDIGÈNES.

Le *groseillier*, cette jolie broussaille dont les fruits en grappes pendantes semblent des rubis ou des perles, se trouve, pour le plaisir des enfants, qui aiment à les cueillir, dans le petit jardin du pauvre paysan comme dans celui du riche; les haies et les forêts offrent çà et là cette broussaille à l'état sauvage, qui donne des fruits plus petits et moins bons que ceux des groseilliers cultivés. Le *groseillier rouge* et le *blanc* sont sans épines, leurs fruits ne sont mûrs qu'au mois de juillet; on les mange frais ou confits, ou l'on fait de leur jus un sirop rafraîchissant.

Le *groseillier noir* porte des baies noires plus grosses que les baies rouges, mais moins agréables par l'odeur de punaise qu'elles émanent. De ce fruit on fait une liqueur stomachique nommée cassis; les feuilles de cet arbuste sont employées souvent en infusion comme gargarisme pour les inflammations de gorge.

Les groseilles vertes sont unies ou velues, vertes, violettes, jaunes ou blanches; on les emploie comme les précédentes.

Les *framboisiers* se plantent dans nos jardins et poussent aussi dans les forêts. Les baies de cette broussaille ont une odeur des plus suaves et un goût parfait; cueillies, elles ont le forme d'un dé à coudre.

La baie de ronce, dont la broussaille grimpante est de la même famille que le framboisier; cette baie est d'un noir brillant et de bon goût.

L'*airellier* pousse dans les landes et les forêts, et ne donne ses fruits, d'un noir bleu, cerclés de bleu, de la grosseur d'un petit pois qu'en juillet et août. Ce fruit, très-sain, se mange frais ou séché; on en fait aussi de l'eau-de-vie, et on l'emploie dans la teinture.

Le *troëne* (tabl. IX, 4 *b*) croît dans les haies; son fruit, rouge comme une cerise, est aigrelet et agréable.

Le *noisetier* prospère partout à l'état sauvage; mais cultivé, ses fruits deviennent plus gros; alors les noisettes sont des avelines.

La *vigne*, qui nous vient des Romains, est

cultivée dans les pays dont le climat est favorable ; c'est une source de prospérité pour les contrées favorisées d'un ciel clément que le produit de la vigne, qui nous donne le raisin d'autant plus doux, plus liquoreux que le soleil est plus chaud.

Beaucoup de raisins se mangent frais, mais de la plupart on fait du vin.

Dans l'Europe méridionale, on sèche au soleil des raisins à grains petits, qu'on vend pour raisins de Corinthe.

Il existe encore un grand nombre de broussailles connues pour leur bois et leurs fleurs.

L'*aubépine*, dont le bois dur est recherché par les tourneurs, porte une jolie fleur odorante.

Le *nerprun* offre la même ressource, ses fruits sont la pâture des oiseaux.

Le *prunellier*, dont les branches sont de bonnes cannes, et les rameaux pour graduer le sel et entourer les arbres.

Le *sureau noir*, petit arbrisseau presque dif-

forme, végète près des fossés et des murs; ses
fleurs infusées sont souveraines pour beaucoup
de maladies; les baies mûres, cuites en marmelade, sont, dans quelques pays, bien qu'ayant
une propriété narcotique, le régal des pauvres
gens; de ses rameaux creux les tisserands font
des bobines.

Le *sureau blanc* et le *bleu b. g.*, le *jasmin*,
la *feuille de chèvre*, la *boule de neige*, ornent
nos jardins, mais le *buisson à roses*, *rosier* qui
tire son origine du rosier sauvage (tabl. IX.
12 *c*), est celui de tous les buissons le plus
cultivé pour sa fleur parfumée et charmante,
laquelle offre une variété de 2,000 espèces de
couleurs différentes.

II. — BUISSONS EXOTIQUES.

Si nous sommes riches en végétaux, cependant nous sommes obligés de tirer des contrées lointaines les produits, si nécessaires à
l'homme, de quelques arbrisseaux qui ne vivent
que dans le climat où ils ont pris naissance.

Nous parlerons d'abord du *cotonnier*, qui met en mouvement des millions de fuseaux pour nous procurer le coton et les étoffes qu'on en fait.

Le coton nous vient des États-Unis d'Amérique, et surtout de la Georgie, qui en exporte par an pour 120 millions de francs. Les Indes-Occidentales, le Mexique et le Brésil le cultivent avec soin. Un autre arbrisseau exotique et très-important est le *theier* qui croît en Chine. Les feuilles jeunes de cet arbuste sont cueillies et séchées sur des plaques de métal chaudes, puis en boîtes sont expédiées dans toute l'Europe; ces feuilles, infusées dans de l'eau bouillante, donnent un breuvage suave et tonique qui est devenu indispensable pour les peuples du Nord et les Anglais.

L'Allemagne consomme par an 3 à 4 millions de livres de thé; le meilleur est celui qui nous vient par caravanes de la Chine.

Le *poivrier*, qui est cultivé aux Indes-Orientales, comme nos houblons, porte des baies en

grappes ; ces grains, verts, sont de la grosseur
des petits pois ; en les faisant sécher ils deviennent noirs et ridés, et donnent le poivre
noir ; les grains mûrs sont rouges , et on les
pèle pour en faire le poivre blanc.

Le *câprier* (tableau X, 13), qui croît dans
tous les pays méditerranéens, sur des rochers
et des murs, est cultivé pour ses boutons de
fleurs, qui font une fine épice connue sous
le nom de câpres. Les boutons des cres-
sons capucines sont souvent débités sous le
même nom.

Les baies du câprier se conservent dans le
vinaigre.

IVe Classe. — Plantes herbacées.

Les *herbes* se distinguent des arbres et des
broussailles en ce qu'elles n'ont pas le tronc
boiseux, mais seulement une tige molle et char-
nue. Elles périssent annuellement jusqu'à la
racine, et repoussent l'année suivante avec une
nouvelle vigueur, ou elles pourrissent avec la

racine et revivent par la graine. Le nombre des herbes est aussi incalculable que leur utilité est grande ; afin de mieux les expliquer, on les divise en : herbes de cuisine ou légumes, herbes épices, herbes pharmaceutiques, herbes vénéneuses, herbes de teinture, herbes à fourrages, herbes à huile, herbes agricoles, herbes ornementaires.

I. — LÉGUMES (HERBES DE CUISINE).

Le printemps renait et ses douces tiédeurs ramollissent la terre, la font se parsemer de touffes de feuilles vertes de toute nuance, qui annoncent à la ménagère toute joyeuse que les légumes auront les honneurs de la table.

Les légumes les plus importants sont les plantes potagères.

Les *choux*, qui, la première année, se forment en automne en une boule dure, sont nommés têtes de choux ; on en fait de la choucroute.

Il y en a des blancs, des rouges.

Le *chou frisé*, dit *de Milan*, est un peu moins serré.

D'autres espèces ne ferment pas leurs feuilles et peuvent rester en plein air tout l'hiver, tels que les choux bleus, les choux verts, nommés aussi pour leurs feuilles choux d'hiver frisés.

Le *chou-rave* donne sur le sol une rave ronde, grosse, dont la pulpe, jeune, agréable au goût, fait un bon légume de printemps.

La *laitue* et l'*endive* sont des salades, ainsi que le *cresson* (tableau X, 15 *b*) qui pousse près des sources, et le cresson de jardins.

Les autres légumes sont les *épinards* et les *asperges*.

Sur les bords des rivages, des ruisseaux, des rivières, dans les prairies marécageuses et les champs humides, se trouve le *stachis des marais*, dont la racine jette des bifurcations difformes qui procurent un bon légume, tendre, nourrissant et se rapprochant de l'asperge; cependant il ne vaut pas la culture. De la même famille est l'*ortie bâton de la forêt* (tableau X, 14 *b*), d'aucune utilité connue.

La culture des racines jaunes ou *carottes* et des *salsifis* est avantageuse, puisque ce sont des légumes sains, considérés comme dépuratifs du sang.

De même sont les *raiforts* ou *radis*, et les *petites raves*, qui se mangent crus ou en salade.

Le *cochlearia* de Bretagne, excellent légume.

Les *pois*, les *lentilles* (tableau X, 17 *a*), les *haricots*, sont par nous fort appréciés.

Les *pois des champs* ont des espèces blanches, jaunes, grises et noires. Leurs graines mûres se battent au fléau ; on les cuit comme légumes.

Les *pois des jardins* nous présentent les pois verts, dont la gousse non mûre se fait cuire.

Les *petits pois* sortis de leurs gousses sont frais ou séchés.

Les *lentilles* se cultivent dans les champs et les jardins. Leurs graines sont nourrissantes.

Les *haricots* offrent beaucoup de variétés.

La *pomme de terre*, d'une si grande ressource, est sujette, depuis 1844, à une maladie qui détruit la récolte dans les années pluvieuses. Si la pomme de terre venait à manquer, aucune plante ne pourrait la remplacer ; et l'on sait que des millions d'hommes doivent leur existence à ce tubercule.

Le *thym*, la *marjolaine*, la *sariette*, l'*aneth fétide*, le *panais*, le *persil*; différentes variétés d'*oignons*, de *poireaux*, servent dans l'art culinaire pour leur propriété épicée et odorante.

II. — HERBES MÉDICINALES.

Dieu, en soumettant notre corps aux maladies, nous a donné les moyens de les guérir par les qualités médicinales de diverses plantes.

La plupart sont sauvages, et nous devons les connaître pour nous en servir au besoin.

La *fleur de la camomille*, qui croît partout, prise infusée, est souveraine pour les crampes, les maux d'estomac, ainsi qu'en cataplasme, elle guérit des enflures.

Les infusions aussi des *primevères*, de la *menthe*, de la *valériane*, sont aussi efficaces (tableau IX, 3 *a*).

Les fleurs et les feuilles de la *grande absinthe*, qui croît çà et là, près des jardins, a un goût fort et amer : c'est un remède contre les vers, ainsi que la fleur de la *fanaisie*.

La racine grande et très-amère de la *gentiane* est pour les indigestions et pour l'hydrophobie.

Les racines difformes de l'*orchis* (tableau X, 20 *a*), pulvérisées, reçoivent le nom de *salep* ; cette bouillie, au lait ou au bouillon, se donne aux enfants faibles ou aux poitrinaires.

La *pulmonaire* (tableau IX, 5 *a*) et le *millepertuis* (tableau X, 18 *a*) sont employés dans la médecine.

Le dernier sert à faire de l'huile de millepertuis.

L'*impératoire*, la *livèche* et l'*aristoloche*

(tableau X, 20 *b*), et d'autres plantes, trouvent leur emploi dans les maladies des animaux domestiques.

Ce sont les pays chauds qui produisent les plantes médicinales les plus énergiques.

L'*ipécacuanha*, en toute petite quantité, cause les vomissements.

Les feuilles du *séné* (tableau IX, 10 *a*) et la racine du *jalap* ont une force purgative.

Un des remèdes exotiques les plus importants vient de l'*arbre à écorce fébrifuge*, qui végète en plusieurs espèces dans l'Amérique du sud. Son écorce, appelée *quinquina*, et la *quinine* qu'on prépare, servent comme médicament efficace contre la fièvre.

Nous devons faire remarquer que la superstition donne souvent à des plantes des qualités médicinales qui n'en ont aucune; ainsi le paysan cultive sur son toit la *joubarbe* (tableau IX, 11 *b*), persuadé qu'elle est bonne pour les foulures et excoriations; de plus, qu'elle préserve sa maison du tonnerre. Il est vrai que le suc de la joubarbe a des propriétés salutaires, mais elle n'a pas celle-là; c'est pourquoi les paysans nomment cette herbe : l'herbe du *tonnerre*.

De même, l'*herbe de vauboury*, de la même famille que l'*ophioglosse vulgaire* (tableau X, 24 *a*), est pour les bonnes gens l'herbe du sorcier. Le jour de l'Ascension, ils la cueillent et en avalent pour prévenir la fièvre; ce sont les charlatans qui tirent de leur crédulité beaucoup d'argent. Les pauvres malades qui s'adressent à ces fripons perdent non-seulement leur argent, mais exposent leur santé.

III. — HERBES VÉNÉNEUSES.

Si nous avons des plantes salutaires pour rétablir la santé altérée, nous en avons aussi d'autres qui l'attaquent ainsi que la vie; ces plantes sont vénéneuses. Quelques-unes sont nuisibles à l'homme et sans danger pour les animaux, qui, guidés par leur instinct, ne touchent qu'à celles qui leur sont saines; d'autres ne sont pas funestes à l'homme et le sont aux animaux.

Aussi nous croyons utile de donner une description exacte de ces plantes les plus dangereuses, afin que nos jeunes lecteurs, en les connaissant, se préservent de leurs effets pernicieux.

Une des plantes vénéneuses qui contient le plus violent corrosif est la *belladone*, qui, heureusement, ne se trouve pas près des habitations, mais dans les forêts et les clairières des pays montagneux.

Ses baies, vertes d'abord, puis ensuite d'un noir brillant, éveillent la convoitise des ignorants et des enfants : il en est beaucoup qui, victimes de leur gourmandise, sont morts pour avoir goûté à peine à ce fruit. Aussitôt après, une fièvre ardente les saisit, les crampes, les palpitations violentes et l'aliénation mentale, puis la mort. Un autre eut des vomissements, de l'ivresse et une soif ardente. Six enfants dans un village périssent empoisonnés du même effet

Comme les baies, les autres parties de la plante sont vénéneuses, mais leur odeur repoussante prévient le danger.

Cette herbe nuisible est reconnaissable à ses tiges, hautes de 3 à 6 pieds, à branches fourchues : ses tiges perpendiculaires se séparent en haut en trois parties; à ses feuilles grasses, longues, pointues et entières, portées sur des tiges courtes; à ses fleurs pointues en cloche, d'un jaune mat, plantées isolément ou par deux à l'angle de deux feuilles.

Ses baies mûrissent en août, jusqu'en octobre : cela seul devrait prémunir ; car à cette époque les cerises ont disparu.

L'*hyosciamus* ou *jusquiame noire* pousse près des chemins, sur les tas d'ordures et la terre fraîchement remuée ; son extérieur sombre, son odeur fade et engourdissante, ses fleurs d'un jaune sale, veinées plus foncé, semblent dire à l'homme : *Ne me touchez pas.* Elle atteint de 1 à 2 pieds de haut.

Elle est couverte de petits poils sécrétant

une matière puante ; les fruits des fleurs mûrissent déjà fin août, et représentent une capsule ovale remplie de graines comme celle du
pavot.

Toutes les parties de cette plante sont vénéneuses ; si l'on en prend on a le vertige , le
mal de tête, la paralysie, le délire, on en meurt
même. La partie la plus dangeureuse est la
racine, qui, comme une rave, a un goût fade.

La *pomme épineuse* se trouve dans les
champs, les tas d'ordures, près des murs des
halles et des endroits habités. Elle forme un buisson de la hauteur de 1 $\frac{1}{2}$ à 3 pieds, à grandes
feuilles d'un goût doucereux et écœurant, ainsi
que la tige. Ses fleurs paraissent en juin jusqu'en automne ; elles sont grandes, blanches,
en forme d'entonnoir, et en dehors d'un blanc
jaunâtre et sale ; les fruits, ronds et gros comme
les noix, sont pourvus d'épines : de là vient son
nom de pomme épineuse. Le peuple en fait
la pomme du *diable*, et non sans raison, car
toutes les parties de cette plante, telles que

feuilles, fleurs, racines, et surtout les graines, ont une influence malfaisante sur la santé de l'homme.

Les feuilles, seulement posées sur la peau, y causent une inflammation. Un jour, près d'Aix-la-Chapelle, toute une famille fut atteinte d'aliénation mentale pour avoir mangé de ces feuilles dans les légumes.

Les graines produisent un effet encore plus foudroyant : elles paralysent, causent le délire et la mort; quelques enfants, croyant que ces graines étaient comme celles du pavot, ont payé de leur vie cette funeste erreur.

La *parisette* (tableau IX, 8 *a*), qui croît dans les forêts humides et ombreuses, porte un fruit séduisant pour les enfants : c'est une baie de la grosseur d'une cerise, noire, et glacée de bleu; elle cause des vomissements et des engourdissements; elle a la tige droite, haute de 4 à 10 pouces, et porte à sa cime quatre feuilles, du milieu desquelles sort en juin une tige d'un pouce de long, portant une fleur d'un jaune vert, et plus tard une baie comme celle de la belladone.

C'est ce qui fait recommander aux enfants de ne jamais goûter aux fruits noirs des plantes qu'ils ne connaissent pas.

La *digitale pourprée* (tableau X, 14 *a*) pousse dans les claires forêts des montagnes et par toute l'Allemagne; elle couvre quelquefois des taillis entiers de bois à en gêner la circulation. On la trouve aussi dans les jardins, ce qui est une grande imprudence, car ses fleurs en clochettes, qui pendent par douzaines à la tige, enchante les enfants, qui se les approprient pour s'en amuser; et comme les enfants portent à la bouche tout ce qu'ils tiennent, il peut en résulter de graves malheurs, car cette plante est vénéneuse dans toutes ses parties, ses graines mêmes sont mortelles pour les petits oiseaux.

L'*aconit napel*, qui orne nos jardins, est facile à reconnaître par ses fleurs en casque, violettes, ou d'un bleu pâle; le suc de cette plante est si subtil, qu'une goutte pénétrant dans une légère blessure se mêle au sang; elle donne la mort.

La racine et les feuilles sont aussi très-toxiques. Beaucoup de personnes s'en servent comme insecticide.

La *ciguë aquatique* est celle des plantes vénéneuses qui, après la belladone, a occasionné le plus de malheurs, non par son fruit, mais par sa racine, qui a le goût du céleri et du panais; l'action du poison qu'elle contient est rapide, et si les secours ne sont pas très-prompts, l'on est perdu.

Cette plante dangereuse ressemble au *cumin*, à l'*anis*, au *fenouil*; elle est *ombellifère*, et ses fleurs à tige sortent d'un seul point et sont ombelliformes. Cependant on ne peut la confondre avec ces herbes de cuisine; la ciguë aquatique ne se trouve que dans les fossés, les étangs, les ruisseaux, entre les roseaux et les joncs; sa racine est creuse et divisée en compartiments.

Lorsque la feuille a l'odeur de céleri et le goût du persil et que la racine est creuse, c'est de la ciguë.

Deux autres plantes ombellifères ont, par leur rapport avec le persil, causé beaucoup d'empoisonnements, c'est la *ciguë tachée* et *l'aréthuse fétide*, qui poussent quelquefois avec le persil; cependant l'odeur d'ail qu'elles émanent en les frottant entre les doigts prévient le danger.

En septembre et octobre, rarement au printemps, s'épanouit, sur nos prairies, une belle fleur d'un rose pâle, c'est le *colchique d'automne*, vénéneux aussi. Cette plante, bulbeuse pendant la floraison, n'a point de feuilles, elles ne paraissent qu'au printemps; elles sont larges, lancéolées et fermes, et en juin s'élève de leur centre une capsule à graines aussi vénéneuses que l'oignon (racine).

Les *ranunculées*, qui croissent dans l'eau et nos prairies, contiennent des sucs vénéneux qui rendent les fourrages nuisibles.

Nous faisons la même observation pour la *renoncule scélérate*, plante que l'on voit dans les marais, les fossés, les rivages humides. Sa tige, molle, polie, creuse, s'élève de 6 pouces à 3 pieds et se ramifie en panicule.

Les feuilles sont presque brillantes; celles d'en bas sont maniformes, celles d'en haut, à trois fentes. Les petites fleurs, d'un jaune citron, paraissent dès juin jusqu'à l'automne. Les feuilles, écrasées et appliquées sur la peau, donnent des gonflements qui dégénèrent en tumeurs. La plante, verte, est très-nuisible au bétail; séchée, elle perd sa propriété toxique et peut être mêlée au foin.

Le *pied de veau* (tableau X, **21** *a*) se trouve dans les endroits humides, ombreux, et dans les forêts; il fleurit en mai, et porte en juillet des baies pourpres; quel fruit tentateur par l'apparence! Trois pauvres enfants imprudents en ont cueilli, en ont mangé, et deux jours après, dans des convulsions horribles, ils expiaient, en mourant, leur faute légère.

Le *bois gentil* (daphné) (tableau IX, 8 *b*), qui fleurit au printemps avant les autres fleurs, porte des baies pourpres ou jaunes. Toutes les parties de cette plante sont corrosives, surtout l'écorce; appliquée sur la peau, elle donne des boutons; mâchée et avalée, elle cause des vomissements, des inflammations d'intestins, des convulsions et souvent la mort.

Comme l'odeur de la fleur est des plus agréables, on l'aspire avec plaisir, il s'ensuit un mal de tête ou des vertiges; si on met le bout d'un rameau dans la bouche, aussitôt la bouche enfle et la langue s'enflamme.

La plupart des plantes vénéneuses trouvent leur emploi dans la médecine; ces mêmes sucs mortels, en en laissant le choix à un médecin, peuvent créer de nouvelles forces de vie.

Dans le cas d'empoisonnement par ces plantes, il faut avoir recours à un médecin; mais comme le moindre retard dans les soins à donner peut causer de graves conséquences,

il importe de faciliter l'évacuation du poison
par un vomitif composé d'huile de pavot ou
de beurre mêlé à l'eau tiède; après, une
légère infusion de camomille, puis après du
vinaigre, ou du jus de citron mêlé de beaucoup d'eau, cela toutes les dix minutes, et
peu à la fois.

Si le malade a la tête chaude et la figure
rouge, un bain de pieds et des compresses
d'eau sédative à la tête, ce sont les premiers
secours en attendant le médecin.

IV. — HERBES A TEINDRE.

L'art de teindre la laine, la soie, le coton, le
lin, la fourrure, les plumes, remonte aux anciens temps.

Les trois règnes de la nature fournissent les
substances pour la teinture; le règne minéral
donne aux peintres les plus belles couleurs; le
règne animal nous offre la cochenille, qui sert
à faire le cramoisi et l'écarlate, et du règne
végétal nous tirons toutes les couleurs.

La *garance*, cultivée en France, en Hollande et aussi en Allemagne, donne son nom à la teinture venant de sa racine ; de même, la racine du *caille-lait* contient un rouge garance.

Le *genêt du teinturier* et la *gaude*, qui poussent en Europe sur le sol sablonneux, font la couleur jaune. Le *pastel*, dans ses feuilles, a le bleu indigo ; il a été remplacé par le véritable indigo qui croît aux Indes-Orientales, Occidentales, au centre de l'Amérique et en Afrique.

Le brun vient de plusieurs espèces de mousses, de lichens, de l'écorce des chênes et des bouleaux, des châtaigners.

Les galles du chêne à galles, de l'Asie-Mineure, donnent le noir et le gris.

Le beau jaune qui sort des étamines du *crocus*, le *safran* (tableau IX, 3 *b*), ne peut s'employer dans la teinture des étoffes ; cette substance est très-chère, une livre de safran contient les étamines de 200,000 fleurs ; on l'emploie comme épicerie, ou pour colorer les mets, les pâtisseries, les liqueurs, les savons, l'eau de lavande.

Le crocus est cultivé en grandes étendues dans l'Europe méridionale.

Les plantes exotiques nous procurent plus de substances propres à la teinture que les nôtres.

Le *fernambouc* ou bois de Brésil nous vient tout cassé de l'Amérique méridionale, des Indes-Orientales et Occidentales. Le *quercitron* est l'écorce d'un arbre américain ; le *roucou*, d'un arbre de l'Amérique du sud.

V. — HERBES DE COMMERCE.

Toutes les plantes cultivées donnent lieu au commerce ; cependant, il y a des herbes destinées spécialement à cela : tels que le *tabac*, le *pavot*, les *houblons*, etc.

Le *tabac* est une plante d'un an, haute de 3 à 4 pieds, à grandes feuilles de différentes formes.

Il y a plusieurs espèces de cette plante :

celle qui se cultive en général dans nos pays est le *tabac commun* dit *de Virginie* (tableau IX, 5 *b*); il a les feuilles lancéolées, collées à la tige, les fleurs d'un rouge violet et un calice allongé.

Dès que les boutons de fleurs paraissent, on les coupe, pour que les feuilles, qui sont la valeur de la plante, prennent un meilleur développement; cueillies, on les sèche, puis après on les expose à l'humidité ; quand elles en ont absorbé assez, on les entasse, et après un temps donné on remue, afin que toutes les feuilles participent à la fermentation, qui leur donne l'odeur et le piquant nécessaires; on les resèche au grand air pour les expédier dans les manufactures, où on les roule pour en faire des cigares; on les rape pour le tabac à priser.

De quelque manière que le tabac soit préparé, il est toujours nuisible à la santé, fumé, prisé ou chiqué, pris en trop grande quantité, car il est une plante vénéneuse qui nous vient de l'Amérique du sud.

Le *pavot* (tableau X, 13 *b*), cultivé partout pour sa graine huileuse, est une plante vénéneuse. Les Orientaux ont le pavot blanc. Le suc laiteux qu'on extrait des tiges et des têtes vertes, en y faisant des fentes, est l'opium, qui, d'abord jaune, se brunit et se durcit ; les Orientaux en mangent pour avoir de riantes hallucinations ; les Chinois et les Indiens le fument dans le même but. Notre pavot contient un peu de cette substance narcotique ; il est dangereux d'en donner aux enfants pour les endormir, il les assourdit, et pourrait, par l'abus qu'on en ferait, ruiner leur santé.

Le *houblon*, cultivé d'abord en Flandre, l'est maintenant en Belgique, en Hollande, en Angleterre, en France et en Allemagne pour ses fleurs, qui entrent dans la composition de la bière.

Le houblon croît dans toute l'Europe tempérée. On le trouve à l'état sauvage dans les vases et les endroits humides, mais il ne vaut rien, s'il n'est greffé.

Les jeunes pousses qu'on est obligé de couper au printemps sont un légume ou une salade de bon goût.

Les plantes de commerce les plus utiles sont, sans aucun doute, le *chanvre* et le *lin*.

Le lin demande un an pour élever sa seule tige, qui, selon la qualité du terrain, est plus ou moins grosse et longue.

Il tire son origine de l'Asie centrale ; mais l'Égypte et l'Europe le cultivent depuis les plus anciens temps.

Ses belles fleurs bleu clair subissent le sort de toutes les fleurs ; elles se flétrissent, s'effeuillent et laissent une petite capsule ronde remplie de graine brun clair qui, pressée, devient l'huile de lin.

Dans la tige se trouvent des filaments fins et longs, d'autres enveloppent la tige verte.

Pour détacher ces filaments, on rouit le lin, après en avoir ôté la graine, puis on le teille, on l'affine, et il ne reste que les filaments qu'on file ; ce fil forme la toile ou la dentelle.

Le *chanvre* se prépare de même, mais le fil qu'on en tire, étant plus gros, offre plus de résistance. On en fait des ficelles, des cordes ; on le tisse pour des voiles de navire ou pour des tentes, le fil fin pour de la toile. Des graines de chanvre l'on fait de l'huile à brûler ; les peintres l'emploient aussi pour leurs travaux ; outre cela, dans le commerce, la graine, nommée *chènevis*, se vend pour nourrir les oiseaux

VI. — HERBES FOURRAGÈRES (A PATURES).

On appelle fourrage les herbes cultivées pour la nourriture du bétail. Les *trèfles* sont les plus importantes ; nous avons les *vesces*, les *esparcelles*, les *fèves*. L'herbe la plus répandue est le *trèfle des prés* (tableau X, 17 *b*), qui dure plusieurs années et qui pousse, sauvage, sur toutes les prairies et les prés.

Pour toutes ses qualités substantielles, il forme la base de l'agriculture ; on le donne aux bestiaux, vert ou séché comme foin de trèfle ; les fleurs rouges, papilloniformes , paraissent de mai à septembre. Les graines jaunes sont contenues dans des capsules brunes. Depuis quelque temps, on mêle avec la semence du trèfle celle du *cumin*, du *persil*, du *fenouil*, de la *dent du lion*, de la *chicorée* : ces plantes digestives donnent plus de lait aux vaches.

Le trèfle blanc se distingue par ses fleurs blanches, mais on ne le cultive que pour des pâturages de vaches, de moutons ; on le fauche rarement.

Le *trèfle turc* ou l'*esparcelle* porte des fleurs d'un rouge carmin ; c'est un fourrage très-nourrissant, qui augmente le lait des vaches, à ce que disent les agriculteurs ; aussi beaucoup d'entre eux ont dû leur prospérité à cette plante dont la récolte est toujours sûre.

Les *fèves* offrent les mêmes avantages.

La *vesce commune* se sème mêlée à l'avoine. Cette plante égale en bonté le trèfle ; mais comme on ne la fauche qu'une fois par an, la culture est moins fructueuse.

VII. — PLANTES D'ORNEMENTS.

Aux premiers chauds rayons de soleil du printemps, l'hiver nous quitte en emportant dans son manteau de neige les derniers vestiges des frimas ; alors la nature se réveille et reprend une nouvelle vie ; les champs et les prairies commencent à reverdir.

Le *perce-neige*, l'*anémone blanche* et *bleue*, les *primevères*, ces fleurs d'autant plus jolies qu'elles sont les premières, sont pour nous les bienvenues et nous annoncent le retour de la douce saison : aussi comme on leur fait honneur ! C'est à qui les aura : l'enfant en veut un bouquet, la mère en orne son salon, et la jeune fille sa chevelure ; puis ces gracieuses messagères partent en nous disant au revoir, et d'autres fleurs reviennent pour notre plaisir, car chaque fleur a sa saison comme elle a ses admirateurs : les uns embel-

lissent leurs jardins de nos fleurs indigènes;
d'autres, n'aimant que le rare et le cher, ne
veulent que des plantes exotiques, qui, par nous
si bien soignées, sont sauvages dans les pays
chauds et deviennent des arbres, tandis que
celles cultivées ici sont de très-petits arbustes
qui tiennent à l'aise dans de petites caisses.

L'Amérique nous a envoyé ses plantes myr-
tacées, dont une espèce, le *philadelphus ino-
dore*, se trouve souvent dans nos parcs : il a les
rameaux rouges. Le *jasmin sauvage* est souvent un arbrisseau de nos jardins ; il porte en
mai et juin des feuilles d'un blanc verdâtre de
forte odeur. On l'appelle philadelphe odorant ; il
vient de l'Europe méridionale, tandis que le
jasmin commun (tableau IX, 2 *a*) vient des
Indes-Orientales. Il n'est cultivé chez nous que
dans des pots à fleurs.

Le *fuchsia pourpre*, que nous cultivons aussi
en pots, a différentes variétés ; dans le Chili,
d'où il vient, il forme des arbrisseaux de
la hauteur d'un homme. Le *tuyau de la fleur*

(trad. litt.) (tabl. IX, 1 *b*) est des Indes-Orientales. La *fleur de la passion* (tabl. X, 16 *b*) a plusieurs variétés ; elle nous vient des tropiques, ainsi que la *verveine*, la *pélargonie*, le *géranium*, plantes d'appartements pour leurs feuilles odorantes et leurs jolies fleurs. L'*alcée rose* (tabl. X, 16 *a*), de l'Orient et de l'Europe méridionale ; d'autres variétés de *lys* et de *tulipes*, des mêmes contrées. Le *lys* superbe et la *tulipe* sauvage (tabl. IX, 6 *b*) croissent sans culture en plein air. Nous avons quelques variétés sauvages d'*astéroïdées* (tabl. X, 9, *b*) et de *narcisses* (tabl. IX, 6, *a*). Les belles variétés de ces plantes sont originaires des zones lointaines. L'*aster*, qui, en été, décore nos jardins, est de la Chine ; le *narcisse odorant*, à fleurs jaunes, est de l'Europe méridionale.

Nous ne pouvons nommer toutes les plantes exotiques de nos jardins ; cependant, toutes belles qu'elles peuvent être, elles n'ont pas fait exclure notre simple *muguet*, la *pâquerette*, l'*œillet barbe* (tabl. IX, 10 *b*), la *violette*, le *myosotis* ; toutes ces fleurs sont le baume et la magnificence de nos jardins et de nos prairies.

Ve Classe. — Graminées.

Les graminées sont des plantes à tiges creuses et noueuses, et à feuilles longues et étroites.

La partie de la tige qui porte la fleur se nomme fuseau ; on les appelle épines, mais si le fuseau se ramifie, c'est un panicule.

Les graminées sont répandues sur tout le globe, c'est pour ainsi dire, le vêtement de la terre ; depuis les temps les plus reculés, elles ont toujours été pour l'homme les plantes les plus importantes ; elles sont le principe de l'agriculture, c'est par elles que le premier degré de la civilisation s'est élevé. Non-seulement les plantes des prairies, qui servent de fourrage à nos animaux domestiques, mais tous les blés de nos champs sont des graminées

Les *blés* n'ont-ils pas, comme les fourrages,

des tiges creuses à nœuds, des feuilles longues et étroites? Leur floraison n'est-elle pas de même en épine ou en panicule? Les fruits des autres graminées pourraient être employés comme nos blés, s'ils étaient plus développés et leur production plus abondante.

De quel pays le blé tire-t-il son origine ? Les uns assurent que c'est de l'Asie, d'autres de l'Afrique ; quoi qu'il en soit, les communications se sont établies, et partout où l'homme s'est fixé, s'il a trouvé au sol une chaleur vivifiante et de l'humidité pour la soutenir, il a ensemencé le blé.

En Allemagne, la culture du blé date des Romains, et elle a fait tant de progrès, que les Allemands sont devenus, en peu de temps, un peuple agricole. Les rois, les empereurs avaient, pour améliorer et encourager l'agriculture, des fermes modèles.

Charlemagne, tout en élevant sa gloire, faisait progresser, par son génie et sa puissance, l'art de cultiver la terre.

Comme les graminées offrent un grand intérêt, nous allons donner toute notre attention aux plus importantes.

Les graminées principales sont les *blés*, qui produisent des grains farineux ; la première espèce est le *froment*, qui donne la plus blanche, la plus savoureuse, la plus nutritive farine : c'est d'elle que nous faisons notre meilleur pain, et des mets sans nombre ; on en fait aussi du gruau , de la semouille, de l'amidon, et on l'emploie dans la bière blanche, nommée bière de froment.

Sa paille sert à faire des ouvrages tressés.

Par la culture, on en a tiré des variétés diverses qui se connaissent par leurs épis.

Ces variétés dépendent du terroir dans lequel elles croissent.

En Allemagne, le *froment commun* d'été et d'hiver : ses épis sont à 4 rangs, et contiennent à peu près 50 à 60 grains.

Il y a des variétés qui prennent le nom de *froment anglais*, *polonais*, etc., etc.

Le *froment locar* est une variété dont les grains ne se détachent pas facilement de la glume ; pour l'enlever, on a dans les moulins une mécanique spéciale.

Sur le Rhin, en Bavière, en Wurtemberg, en Suisse, on cultive beaucoup de froment, comme froment d'hiver.

Le blé le plus important pour l'Allemagne est le *seigle* ; c'est du seigle que se fait le pain noir, qui se tient plus longtemps frais que celui de froment ; on peut y mêler des pommes de terre, ce qui est un avantage pour les pauvres gens. Le seigle se plante aussi comme blé d'hiver et d'été, mais, comme semence d'hiver, il est plus productif. Le froment locar demande une terre argileuse et calcaire, mais le seigle une terre sablonneuse ; seulement la terre humide ne convient ni à l'un ni à l'autre.

Pendant les années pluvieuses, il est exposé

à une maladie : il se forme sur l'épi des aspérités violettes qu'on appelle seigle ergoté.

Les grains alors sont vénéneux ; et si on les
moud avec d'autre blé, ils peuvent donner la
mort.

Pour les habitants des Alpes et du Nord,
l'*orge* est le principal blé à pain, et c'est l'espèce de blé qui croît le mieux dans les climats
froids. On la cultive cependant aussi dans les
pays méridionaux, en Espagne, où, par an, on
en récolte de deux espèces. L'orge mûrit vite ;
plus on avance vers le nord, moins il lui faut
de temps pour mûrir ; en Laponie, où l'été dure
neuf à dix semaines, où le soleil éclaire le jour
et la nuit, l'orge est mûre dans cet espace de
temps.

La semence d'orge est très-délicate ; une nuit
froide du mois d'août peut anéantir toute la
récolte, et amener la famine dans ces contrées.

En Allemagne, on cultive l'*orge commune*,
dite *à quatre rangs*, comme blé d'hiver, bien
qu'elle réussisse comme blé d'été.

18

L'épi a six rangs, mais on n'en compte que quatre, parce que les deux autres rangs de grains sont plus droits et mieux collés à la tige que les quatre autres.

L'*orge à six rangs* est parfaite de grains, mais en Allemagne on la trouve rarement.

Comme blé d'été, on cultive chez nous l'orge à deux rangs. Le pain d'orge est grossier, mais sain et nourrissant ; on en mêle la farine avec celle de seigle.

L'orge est principalement employée pour l'eau-de-vie, la bière ; on en fait aussi du gruau, de la semouille, de l'orge mondé.

La paille sert dans l'agriculture.

Nous devons encore nommer comme graminées et blés l'*ivraie* ou *colium* ; cette espèce de graminée, tant qu'on ne la laisse pas arriver à la floraison, sert à former les gazons de jardin. On la cultive avec avantage sur les prairies et les pâturages, où elle est semée assez épaisse pour que les mauvaises herbes n'y croissent pas, et comme sa croissance est prématurée, elle fournit au paysan les premiers fourrages verts nourrissants et à substances sucrées. La *coriandre*, de la même famille, est, parmi les graminées, la seule plante vénéneuse. Cette plante pousse comme mauvaise herbe entre les blés d'été; si, en nettoyant le blé, on n'a pas le soin d'ôter tous les grains de coriandre qui s'y mêlent, le pain fait de cette farine peut donner des maladies.

B. — GRAMINÉES A PANICULE.

Parmi les graminées à panicule, nous comptons en grand nombre nos meilleurs fourrages, tels que la *flouve*, la *queue de renard*, le *fléau* et quelques plantes exotiques très-précieuses, la canne à sucre, le riz. L'*acôine* est un de nos blés; elle croit partout, sur les montagnes, dans les plaines, même dans les terrains sablonneux et marécageux, tout lui est bon. On la cultive en diverses variétés; on l'emploie comme fourrage vert et comme fourrage en grain. Dans le premier cas, on la sème avec des pois et de la luzerne, on les fauche ensemble ; dans l'autre cas, les grains servent de nourriture au bétail et aux chevaux qui travaillent ; on en engraisse les moutons, on en donne aux poules pour les faire pondre de bonne heure. Les habitants des pays froids et montagneux en font du pain, du gruau, de la bouillie. La paille sert comme celle des autres espèces de blés.

L'avoine sauvage élève ses hautes tiges au-dessus de celles de l'avoine commune, qu'elle embarrasse comme mauvaise herbe ; cependant, fauchée avant sa floraison, c'est un fourrage vert, mais qui ne vaut rien étant sec.

La *canne à sucre* est la plus haute, la plus belle et la plus utile des graminées. Le produit de son suc fournit à l'homme un commerce important.

Elle est originaire de l'Asie, mais maintenant elle est cultivée dans tous les pays chauds.

Lorsque sa tige, haute de 8 à 12 pieds et de 2 pouces d'épaisseur, est mûre, on en ôte les feuilles, après on la coupe en morceaux et on en exprime le suc au moyen de roues cylindriques. Ce suc se fait bouillir et devient compacte, ferme, granuleux; c'est le sucre brut, qui, après avoir été séché, est expédié dans des tonneaux en Europe, où on le raffine, le blanchit et le forme en pains. Pour le candir, on le cristallise, on l'épure à l'aide de fils mis dans le sucre liquide.

Aux Tropiques, les habitants s'en nourrissent. Les nègres des plantations, après avoir trempé les cannes dans l'eau bouillante, en aspirent le suc; à Rio de Janeiro, aux îles Sandwich, les enfants, au lieu de sucre d'orge, ont toujours à la main un morceau de canne à sucre.

En Amérique, les grandes cannes à sucre servent à engraisser le bétail.

Dans tous les pays, le sucre est devenu une nécessité : dans la médecine, dans les ménages, dans les mets, il est employé; les fruits cuits doivent leur conservation au sucre.

La consommation qu'on en fait est immense et s'augmente d'année en année; il s'en importe en Europe à peu près 10 millions de quintaux, la moitié de la production de l'année.

Le sucre de betterave n'a pas les qualités du sucre de canne; d'ailleurs, l'Europe serait-elle convertie en un vaste champ de betteraves, le sucre qu'on en tirerait ne suffirait pas à nos besoins.

Le *riz* vient de l'Asie orientale et méridionale, et se cultive aussi en Amérique, en Afrique et dans l'Europe méridionale, en grandes étendues nommées *rizières*, qui produisent une nourriture saine et nutritive à la plupart des hommes.

Les grains, dépouillés de leur enveloppe, se cuisent en soupes, en gâteaux, etc.; chez les Orientaux, il remplace le pain.

VI⁵ Classe. — Plantes sans germe.

Toutes les plantes ne se multiplient pas par des graines, beaucoup se reproduisent par des

rejets. On nomme ces plantes plantes sans
germe. De cette classe sont : les *fougères* , les
mousses , les *lichens*, les *algues*, les *champignons* , qui ont des tiges et des feuilles , mais
ne portent jamais de fleurs , ni de fruits.

I. — LES FOUGÈRES

Ont des racines horizontalement plantées à
la surface du sol ; leurs feuilles verticales
portent 3 pieds de haut.

Le *polipode* (tableau X, 24 *b*). En hiver,
quand les arbres sont dépouillés, le polipode
étend ses touffes de feuilles lancéolées et séparées, comme des plumes d'autruche, sur
les cimes des rochers, les troncs d'arbre cou-
pés et les montagnes à broussailles.

Dans les pays chauds, il y a des espèces de
fougères dont la tige (tronc) s'élève à la hauteur de 20 à 30 pieds, sans ramification aucune, et la cime, comme celle du palmier, est
couronnée de feuilles en ombrelle.

On a trouvé des empreintes de fougères

dans les roches schisteuses des pays froids, ce qui fait croire que là étaient des fougères qui ont péri par le déluge; de cela les savants concluent qu'autrefois le climat du pôle boréal était moins sévère.

Les *plantes à hampe* et les *girandoles* (tabl. X, 24 *k*), de la même famille, croissent dans la terre argileuse, marécageuse, sablonneuse; quelques variétés, dans les prairies et les champs humides, sont de mauvaises herbes.

La *prèle des champs* a son utilité pour le nettoyage des ustensiles de métal; les pauvres gens la ramassent pour la vendre.

La *queue de chat* (tabl. IX, 1 *a*) est une plante à germe, bien que sa forme ne nous le prouve pas.

II. — LES MOUSSES

Sont de jolies petites plantes répandues sur toute la terre; les endroits humides, ombreux et froids leur conviennent; elles tapissent de leur verdure veloutée les rochers, les troncs d'arbre, les toits et les murs; elles s'étendent sur des revers de montagnes, sur les terrains marécageux, sur le sable et sur l'eau.

La mousse sert de lit aux animaux de la forêt, les oiseaux en construisent leurs nids, et les insectes y trouvent un abri.

L'homme l'emploie en bourre et dans l'emballage; il en fait aussi des litières pour le bétail, et du fumier.

Les mousses entretiennent dans les forêts l'humidité végétative.

Il y a quelques espèces qui font la tourbe. La *mousse ramifiée* (tabl. X, 14 *c*), etc., etc., cause peu de dommages aux prairies qu'elle envahit, car les herbes y sont mauvaises et ne peuvent servir à rien; les arbres où s'attache la mousse sont vieux et maladifs.

III. — LES LICHENS

Poussent dans les pays froids, sur les hautes montagnes; là, les troncs d'arbre, les rochers,

les pierres exposées à l'air et des parties de
terrain en sont revêtus. L'air humide les fait
vivre et prospérer, l'air sec les tue ou les
altère, jusqu'à ce qu'une humidité imprègne
l'atmosphère et les ranime.

Le *lichen* est de grande importance dans
l'ordre de la nature, il est le principe de toute
végétation. Il s'établit sur les bancs de corail,
sur les torrents de lave refroidie, et par sa dé-
composition forme peu à peu une couche
de terre féconde sur laquelle croissent d'a-
bord la mousse, les herbes, et plus tard de
grands arbres ; aucun lichen ne pousse dans
l'eau.

Avec le lichen d'Islande, les Islandais en
font du pain et un mets confit.

Le lichen hyperboréen couvre la terre du
pays boréal comme l'herbe chez nous ; le
renne s'en nourrit, et quand les fourrages
manquent, le lichen les remplace, pour les
moutons, les vaches, chèvres et les cochons. L'*orseil* (tabl. X, 24 *h*) est une autre

variété qui croît sur les rochers de la Méditerranée, et est employée dans la teinture.

IV. — LES ALGUES

Sont des plantes aquatiques qui appartiennent presque exclusivement à la mer, où elles
forment des îles flottantes qui empêchent les navires d'avancer. Les plus grandes variétés sont
les *varechs*, qui, au sein de la mer, sont des forêts
immenses, demeures des animaux maritimes.

Les mollusques, les écailles habitent au
fond de l'Océan, les poissons voraces sur les
branches de varech, où ils attendent leur proie,
et la loutre de mer se repose sur les îles qu'il
forme. L'hippopotame, le requin, le phoque,
la tortue vivent de ces plantes.

L'homme y a trouvé un avantage. Le *varech
sucré*, qui, en séchant, se couvre d'une poudre douce, est mangeable.

Le *varech vésiculeux* (tabl. X, 24 *i*), de la
mer Baltique et de la mer du Nord, donne
une couleur vert foncé. Les grands mame-

lions de varech que chaque tempête jette sur
les côtes de France, d'Irlande, d'Écosse, servent aux habitants des côtes de combustible
et de fumier.

Les *éponges* sont aussi des algues; elles
poussent dans la mer Rouge, la mer des Indes;
mais les meilleures sont celles de la Méditerranée; on les fait pêcher par des plongeurs.

V. — LES CHAMPIGNONS

Sont les plantes les plus imparfaites; ils
croissent sur le sol où ils trouvent des substances décomposées de plantes, d'autres sur
des troncs d'arbre ou sur de vieilles poutres,
planches, jamais sous l'eau. Ils n'ont ni racines ni feuilles. Leur substance a la forme
d'un parapluie ou d'un chapeau. Leur grandeur varie; il en est de si petits, qu'on ne peut
les voir qu'avec le microscope, d'autres ont un
diamètre de 12 pouces et au-dessus; sans des
conditions favorables, ces plantes poussent
quelquefois, en une seule nuit, dans des

endroits où il n'y en avait jamais eu, mais leur durée est courte, de quinze jours au plus. Les variétés boiseuses vivent des mois, des années entières, beaucoup de ces champignons sont mangeables, la *cantharelle* (tableau X, 24 *g*), la *morille* (tabl. X, 24, *d*), le *mérisme*, la *truffe* et autres ; il en est de vénéneux, mais ceux dont la bonté est incontestable on peut sans crainte les employer, toutefois, en ayant soin d'en ôter les parties dures et piquéss des vers.

Les champignons les plus dangereux sont : l'*agaric rouge*, tacheté de blanc, le *balet émétique*, la *cantharelle* (tabl. X, 24 *f*), le *champignon sorcier* (littéral), le *champignon de satan* (littéral); les conséquences de l'empoisonnement ne se font sentir que quelques heures après la consommation, mais alors les remèdes et les secours les plus prompts du médecin sont de toute urgence. Les escargots, les larves des scarabées s'attaquent à toutes les espèces de champignons ; il y a certaines mouches qui pompent le suc décomposé des champignons pourris.

C. — RÈGNE MINÉRAL.

Puisque nous avons étudié tout ce qui se trouve à la surface du globe, les diverses classes d'animaux et de plantes, ne devons-nous pas connaître les trésors qu'il renferme?

I

L'homme, pour les posséder, a creusé la terre, il a fouillé jusque dans ses entrailles, et il a trouvé la pierre et la chaux pour la construction de ses demeures ; le fer pour les outils et maints travaux ; l'or, qui, par sa valeur, peut combler tous ses désirs ; le sel, si nécessaire pour lui et l'agriculture, et le charbon de terre, qui alimente son foyer, ses fabriques, ses usines, et, par la puissance de la vapeur, nous transporte avec la rapidité de la flèche d'un pays à l'autre.

Tous ces corps n'ont pas, comme les ani-

maux, des organes de locomotion, de reproduction et d'alimentation ; ils ne croissent pas
comme les animaux et les plantes intérieure-
ment, mais ils s'augmentent extérieurement
par des substances qui s'y agglomèrent.

Tous ces corps inorganiques ont formé un
règne à part, nommé le règne minéral.

II

Beaucoup de minerais reposent dans la terre,
non-seulement transparents et brillants, mais
en formes admirables, régulières, de pyramides
et de colonnes hexaèdres. Ces minerais sont
des cristaux, ou cristallisés ; d'autres se présentent en lames, tablettes, aiguilles ; d'autres encore sont moins beaux de forme et de couleur.

On donne le nom de massif à l'ensemble des
parties du minéral irrégulièrement agglo-
mérées.

Pour connaître les minerais, il faut en
étudier la forme, la couleur, l'éclat, la trans-
parence, en considérer la dureté et le poids,

en rechercher les proportions, par l'odeur et le goût, la chaleur et la lumière.

On saura alors que la puissance de Dieu se montre aussi grande dans la formation de ces substances inertes, que dans ses plus belles œuvres.

III

On divise les minerais en quatre classes afin d'en faciliter l'étude, savoir, les *terres*, les *pierres*, les *sels* et les *minerais combustibles*.

Les plus importantes de ces classes seront par nous désignées.

Ire Classe. — Terres et pierres.

I. — TERRE SILICÉE.

Dans les cavernes et les fentes des montagnes primitives, on trouve souvent, semblables au verre naturel, des pierres magnifiques, diaphanes, qui, tenant aux parois de ces sombres cavités, y jettent leur éclat.

Ces pierres se présentant souvent en colonnes hexaèdres sont connues sous le nom de *cristal de roche* ; autrefois, on taillait le cristal de roche en bijoux, mais depuis qu'on en a trouvé de grands gisements sur l'île de Madagascar sa valeur a diminué.

Le cristal de roche n'est autre qu'une pierre silicée (ou caillou) qui fait partie d'une classe de terre, composant le tiers de notre globe.

La plupart des pierres, depuis le granit jusqu'au quartz pur, ont une dureté, un brillant particuliers, surtout les pierres silicées (cailloux), de la même classe de terre, et les plus dures produisent, par le frottement contre l'acier, des étincelles comme la *pierre à feu*.

Elles sont généralement blanches ; l'eau ne les ramollit pas, le feu ne les fond pas ; seulement, en les mêlant à la potasse, elles deviennent fusibles et forment la première et la principale matière du verre.

II. — TERRE CALCAIRE.

Comme la terre silicée, la terre *calcaire*

forme une partie considérable de notre globe. Toutes les chaînes de montagnes consistent en terre calcaire ou de chaux ; la chaux que nous employons pour bâtir et blanchir nos maisons est de la pierre calcaire brûlée. La véritable pierre calcaire brûlée est massive, mate et opaque ; pure, elle est jaune, ou d'un gris blanchâtre, mais, contenant des substances étrangères, elle est tout autre. Le fer la fait paraître rouge ; l'argile, jaune ou brune. On se sert peu des pierres brutes, mais les pierres de chaux, brûlées, sont d'une grande utilité.

On les brûle dans des hauts fourneaux, ou dans des trous de terre ; les pierres se rangent de manière que la flamme les atteigne toutes.

L'action du feu leur enlève toute la grande quantité d'acide carbonique qu'elles contiennent ; alors elles perdent la moitié de leur poids, prennent un blanc pur, ou jaunâtre et une forte odeur d'alcalin ; puis, se ramollissant, elles se pulvérisent au contact de l'air humide.

La chaux éteinte fermente, bouillonne,

et répand une forte chaleur ; blanche comme la neige, elle est un actif corrosif.

Exposée à l'air, elle se durcit, en absorbant l'acide carbonique de l'air ; pour cette qualité, on la mêle avec du sable pour en faire le ciment qui joint les calcaires. Les espèces les plus importantes de pierres calcaires sont : le *plâtre*, le *marbre*, la *craie*.

III. — TERRES ARGILEUSES OU GLAISEUSES.

L'argile, terre grasse et molle, unit les silicées aux calcaires, et a pour l'homme une grande valeur par les avantages qu'il en retire.

C'est l'argile, qui, formée en briques pour la construction des hauts fourneaux de fonderies, résiste, par sa force, à leur feu ardent.

C'est d'argile fine ces jolies faïences, ces belles porcelaines dorées qui sont sur votre table ; c'est encore de l'argile, mais grossière, les ustensiles de ménage et les tuiles qui couvrent nos maisons.

Puis l'agriculteur en met sur le terrain qui

doit conserver une certaine humidité ; car l'argile a cette propriété, elle retient l'eau, mais aussi elle absorbe l'ammoniaque si nécessaire à la prospérité des plantes.

L'argile a un limon qui s'emploie toujours dans la construction ; celui qu'on trouve en démollissant est vieux, et sert d'engrais aux champs des cultivateurs intelligents.

IIe Classe. — Sels.

Les sels se distinguent des autres minerais, parce qu'ils se dissolvent dans l'eau et ont un goût âcre ; le plus important de tous les sels est le *sel commun* ; il sert au pauvre comme au riche, au prince comme au paysan : c'est pourquoi Dieu en a richement doté la terre. Il se trouve, comme nos rochers, en masses compactes, où l'eau, filtrant à travers les rocs de sel, le dissout : dans ce cas, c'est du sel de source.

Le sel de roche est transparent comme l'eau, ou blanc, ou teint, mais toujours plus ou moins diaphane ; lorsqu'il sort des mines en blocs blancs, il peut être vendu ainsi ; mais s'il est teinté, c'est qu'il renferme des corps étrangers : alors il faut le dissoudre, le bouillir et le ressécher avant de l'employer. Les couches de sel les plus riches se trouvent en Galicie (province polonaise), près des villes de Wichcyka et Bochnia ; ces couches sont creusées et taillées si artistement que les souterrains semblent des villes féeriques.

Le sel de source s'attire au dehors par des pompes ; lorsque l'eau de la source contient beaucoup de substances salines, on la fait évaporer jusqu'à siccité, et le sel reste au fond des chaudières.

La plupart des sources ont si peu de sel qu'on est obligé, pour économiser le chauffage, de faire évaporer l'eau d'une autre manière.

C'est par gradations : on place sur des échafaudages étagés des branches épineuses ; l'eau, par le jeu des pompes, monte au plus haut degré, puis retombe goutte à goutte à travers ces branches, pour arriver ensuite dans un réservoir ; par ce moyen, une partie de l'eau s'est évaporée, et ce qui reste, on le fait bouillir jusqu'à siccité.

Après, on sèche le sel et on l'emmagasine. On obtient aussi du sel de l'eau de mer, en en remplissant des réservoirs : l'eau s'évapore au soleil et au grand air ; les dépôts de sel sont employés pour la cuisine.

Nous nommons encore sels : le *salpêtre*, qui entre dans la composition de la poudre à canon ; le *vitriol*, qui sert dans la teinture et la fabrication de l'encre ; l'*alun*, avec lequel on fait l'alun artificiel, employé par les teinturiers et les fabricants de papier.

IIIᵉ Classe. — Métaux.

L'homme, pour extraire les métaux du centre de la terre, creuse, dans sa profondeur, la mine, et à la pâle clarté de sa lampe cherche l'or, l'argent, le cuivre et le fer ; cette mine, fouillée sans cesse par la pioche du mineur, se vide et présente un vaste espace où il peut circuler aisément.

La plupart des métaux viennent des montagnes primitives; ils ne se mêlent pas aux substances pierreuses, mais ils se minéralisent à d'autres.

Les métaux se trouvent rarement purs ou massifs dans la terre, mais l'art sait séparer chaque métal du minerai et l'employer de diverses manières.

Sans les métaux, l'agriculture et l'industrie n'auraient jamais atteint le degré de perfection auquel elles sont parvenues.

Ainsi la Providence, en enrichissant la terre de métaux, a mis l'abondance dans ceux qui nous sont les plus indispensables, tels que le *fer*, le *cuivre*, le *plomb*, l'*étain*, l'*argent* et l'*or*.

I. — FER.

Pour tous les peuples, le fer est le métal le plus utile; aussi n'existe-t-il pas un pays en

Europe qui n'ait, dans son sol, plus ou moins de fer ; la France, l'Angleterre, la Suède, ont les mines les plus riches.

Des centaines de mille ouvriers trouvent dans cette branche d'industrie, créée par le fer, leur existence et celle de leur famille.

Le produit annuel de ce métal est de plus de *dix millions de francs*.

Les qualités qui rendent ce métal si précieux sont : la dilatabilité, la dureté, l'élasticité ; il se ramollit au feu sans se fondre, et peut prendre toutes les formes que le marteau veut lui donner.

Il est si dilatable, qu'on peut le mettre en fil ; à l'humidité, il se recouvre d'une substance corrosive qui le rend à la longue mou et cassant : c'est la rouille ; pour la prévenir, on met sur le fer une couche de couleur à l'huile qui le garantit de l'action de l'air.

Le fer se trouve rarement dans les mines à l'état naturel, ou massif ; il est toujours mêlé, soit à l'argile, à la terre silicée, à l'alun ou au soufre ; pour l'employer, il faut le casser et le fondre, même la première fonte ne suffit pas : il faut une seconde fois le soumettre au feu pour les forgerons.

Le fer, frappé, rougi et trempé, devient plus dur et plus fin, et se nomme *acier*. L'acier anglais est réputé ; celui de Damas est supérieur, mais la préparation en est encore un secret.

Pour comprendre l'utilité du fer et de l'acier, il faut savoir que tous les outils, les instruments de chirurgie sont de ce métal.

Les plaques, les pots, les serrures, les gonds, les clous, les instruments aratoires, les fourneaux, les machines et tous leurs accessoires, les conduits d'eau et de gaz, les locomotives, railways, etc., des ponts suspendus, des navires, des palais, des maisons, sont en fer.

L'aiguille à coudre, la plume à écrire sont d'acier ; les fusils de chasse, les armes pour défendre la patrie, sont de fer et d'acier.

Ce métal, que nous trouvons partout, est

encore plus nécessaire à l'homme que l'or et l'argent.

II. — CUIVRE.

Après le fer, le *cuivre* est le métal employé le plus souvent ; comme le fer, on ne le trouve qu'en minerai ; pour l'épurer, il faut l'exposer longtemps au feu, afin que le soufre y contenu s'évapore ; à la première fonte, on a le *cuivre noir* ; la seconde sert à le dégager des substances étrangères, de fer et de plomb ; alors, c'est le cuivre pur. La plupart des mines de cuivre de l'Europe sont en Angleterre ; la Russie, l'Autriche, la Suède, en possèdent aussi ; mais le pays le plus riche en cuivre est l'Australie méridionale, dans la Nouvelle-Hollande.

Avant qu'on connût le fer, nos ancêtres fabriquaient leurs armes, leurs couteaux en cuivre ; aujourd'hui, on en fait des chaudières, des casseroles, et autres ustensiles.

On en couvre les toits, et les parties du

vaisseau qui entrent dans l'eau ; les parton-
nerres et les fils électriques sont de cuivre.

Les cuivre, exposé à l'air humide, se couvre
d'une substance verte nommée *vert-de-gris*.
Le vert-de-gris est un poison des plus subtils :
aussi doit-on avoir soin de tenir étamés les
ustensiles de cuisine en cuivre.

La dissolution de cuivre donne les couleurs
bleues et vertes, avec lesquelles on peint
quelquefois les jouets d'enfants ; nous signa-
lons le danger qu'offrent ces couleurs vénéneuses.

Par l'alliage du cuivre et du zinc se forme
le *laiton* (cuivre jaune), et par celle du cuivre
et de l'étain, le *bronze* ou *airain*, dont on fait
les cloches, les statues, les canons.

III. — PLOMB.

Le *plomb* est un métal mou et facile à plier,
qui se fond à un faible degré de chaleur. On
le prépare de différents minerais de plomb, et
on l'emploie en balles, plomb de chasse, toi-

tures, conduits, etc.; on le trouve rarement massif.

L'Angleterre fournit par an plus d'un million de quintaux de ce métal. La Prusse, l'Autriche, le Hanovre, la Saxe, la France et l'Espagne, en sont richement pourvus.

Sur le plomb liquéfié se forme une poudre grise, la cendre de plomb ; cette poudre devient rouge jaunâtre et c'est la litharge, ou *oxyde de plomb demi-vitreux* : elle donne le vernis aux potiers, aux fabricants de verre. Le blanc de plomb et le sucre de plomb, ces deux substances toxiques, sont de précieux médicaments, mais très-funestes aux peintres et à tous ceux qui sont en contact avec ces substances délétères : ils sont exposés par cela même à des douleurs dans les os, aux coliques, aux convulsions et à la paralysie.

IV. — ÉTAIN.

L'*étain* a la couleur et le reflet de l'argent. Il se fond facilement et sert à souder les métaux plus infusibles; à l'action de l'air, il perd son éclat, sa blancheur, et devient bleuâtre, même noir; mais il ne se rouille pas, et n'altère jamais les mets, les boissons qu'on met dans ses vases, ses assiettes, ses cannettes; pour mieux le travailler, on l'allie à un peu de plomb, afin que ce dernier ne nuise pas à la santé.

Le seul minerai dont on tire l'étain est le minerai d'étain, qui se trouve en grandes quantités en Bohême et en Saxe, et plus encore en Angleterre; car les mines d'étain de Cornouailles et le Dévonshire en fournissent par an cent mille quintaux. Par l'alliage du cuivre et de l'étain, on obtient le bronze et le métal à cloches.

L'étain, longtemps soumis au feu, donne les cendres employées pour polir; allié au mercure, il étame les miroirs et les glaces; en trempant des plaques de fer dans de l'étain fondu, on obtient le fer-blanc des ferblantiers.

V. — ZINC.

Le minerai dont on tire le zinc se trouve principalement en Prusse, en Autriche, en Belgique, en Angleterre; à une température modérée, le zinc se casse et se fond facilement sous les coups de marteau; mais en le chauffant un peu moins qu'à blanc, on peut l'étendre dans des cylindres pour en faire des feuilles, avec lesquelles on fait les gouttières, les baignoires; on en recouvre aussi les bateaux.

Le *mercure* est un métal qui se liquéfie dans une température d'un degré au-dessous de zéro jusqu'à 6 degrés au-dessus; mais à 40 degrés de froid il se durcit, gèle en cristaux octogones. Au feu, il bout et évapore jusqu'à ses dernières molécules. L'évaporation se fait à une chaleur tempérée; mais ses vapeurs sont mortelles, et exigent la plus grande prévoyance de la part de ceux qui s'exposent à leurs émanations.

Le *cinabre*, minerai d'un beau rouge, d'où l'on tire le mercure en grande quantité, à Almaden, Espagne, à Idrie, Carniole.

Le Pérou, le Mexique, la Chine, sont très-riches en mercure; on le trouve rarement pur. Son emploi est pour les baromètres, les thermomètres; allié à l'étain, il donne le reflet aux glaces; la médecine se sert des propriétés de ce métal.

VI. — ARGENT.

L'argent est un métal très-agréable, tout le monde en aime le brillant, aux vases, aux plats, aux flambeaux et autres ornements.

Il est si ductile, si malléable, qu'on peut en faire des feuilles plus minces que le papier le plus fin. Il ne se rouille jamais; cependant, il s'altère à la vapeur du soufre : la preuve en est que la transpiration qui contient de l'acide sulfureux donne aux lunettes d'argent, dont on fait usage, une teinte noirâtre.

L'argent se trouve tantôt en minerai, tantôt massif : les usines les plus importantes de l'Allemagne sont dans l'Erggebirge et le Hartz.

L'Angleterre, la France, la Suède, la Norvége, l'Espagne, produisent ce métal, mais en cela l'Amérique est plus riche.

Son emploi pour les monnaies, les ustensiles de ménage, les bijoux, les œuvres d'art, est connu ; on l'allie au cuivre, pour le rendre plus dur et le travailler.

L'alliage ne dépend pas de la volonté de celui qui travaille, mais chaque gouvernement donne une loi qui fixe la quantité de cuivre qui doit être mêlée à l'argent.

VII. — OR ET PLATINE.

Le plus magnifique métal est l'or, répandu non en abondance sur tout le globe. On le trouve dans les montagnes, dans les fleuves et les ruisseaux en état massif, non comme minerai d'or car il est toujours aggloméré à l'argent, qui pâlit sa couleur et lui donne l'aspect de cuivre jaune.

Son inaltérabilité, son éclat, sa couleur, sa malléabilité lui donnent le premier rang parmi les métaux.

Les peuples de l'antiquité l'aimaient et l'employaient comme nous à présent, avec le même désir d'en avoir beaucoup ; les alchimistes ont tenté vainement, par des procédés chimiques, de produire de l'or.

Quatre grammes d'or fin s'étendent en un fil de la longueur de 500 kilomètres ; en le battant, on obtient, du même poids, une feuille d'or qui peut couvrir 25 pieds carrés ; il faut 160,000 à 200,000 de ces feuilles, pour égaler 12 lignes d'épaisseur.

On dore, avec ces feuilles, le bois, la pierre le papier, les livres, les bordures de glaces, les meubles, etc.

La dorure des noix des arbres de Noël est en cuivre battu.

Comme l'argent, l'or est allié, et on le divise, d'après le poids, en marc et carat.

Le marc, de 8 onces, contient 24 carats.

L'or qu'emploient les orfévres, pour des bijoux, ne peut être moindre que 750 millièmes. Il doit contenir 250 millièmes d'alliage.

En Europe, la Hongrie est la plus riche en placers ; aux États-Unis, la Californie. Sur tout le globe, il y a par an 4,000 quintaux d'or, qui représentent une valeur de sept cent milliards de francs.

Le *platine*, connu seulement en Europe depuis 1741, vient des montagnes de l'Oural ; sa couleur est gris acier ; il est presque aussi malléable que l'or, a la dureté du fer et du cuivre, mais il est infusible ; les liquides corrosifs ne le rongent pas, c'est pour cela qu'on l'emploie pour les travaux chimiques. Pour ce but, on a des chaudrons de platine qui coûtent de 5 à 15,000 francs pièce.

La Russie en produit par an à peu près 20 quintaux ; autrefois, les monnaies étaient de ce métal, mais le gouvernement russe y a renoncé, car la manipulation en était trop difficile. Le platine coûte 5 fois plus que l'argent et un tiers plus que l'or.

IVe Classe. — Minerais combustibles.

Les substances de terre plus ou moins combustibles, et ne se dissolvant pas dans l'eau, sont des minerais combustibles, tels que : le *charbon de terre noir et brun*, la *tourbe*, le *soufre*, le *graphite*.

I. — CHARBONS DE TERRE OU HOUILLE.

Les charbons, provenant des grandes forêts antédiluviennes, se trouvent entre les roches et les pierres par couches superposées; on peut, d'après l'empreinte des feuilles et des graines, reconnaître de quelles espèces de plantes ils proviennent.

Ces forêts, sans doute détruites depuis de longs siècles par des cataclysmes et par la pression des masses de montagnes ou par le manque d'air, ont été changées en charbons : on les appelle *charbons de terre*; ils sont com-

pactes, noirs et brillants, et en brûlant répan-
dent une vapeur noire qui salit tous les objets
environnants ; cependant leur carbonisation
n'est pas encore complète : pour le charbon de
coke, on la recommence afin d'en ôter le soufre.

Le coke, difficile à allumer, produit une forte
chaleur : en général, les charbons de terre ont
une puissance de calorique trois fois plus forte
que celle du bois, c'est pour cela qu'on en fait
usage, non-seulement dans les ménages, mais
dans les ateliers, les fabriques, pour le chauffage des machines à vapeur, pour le gaz
d'éclairage, etc.

Ainsi, les charbons de terre sont une source
de lumière, de chaleur, un moyen civilisa-
teur. Quelle que soit l'immense quantité de
charbon de terre qu'absorbe l'industrie, les
mines de l'Angleterre, de la France, de la Belgique, de l'Amérique du Nord sont pour des
siècles inépuisables.

Le *lithanthrax brun*, semblable au charbon,
se montre par couches près de la surface de la

terre : c'est un combustible inférieur qui fait
de mauvais coke.

II. — TOURBE.

Dans beaucoup de pays, sont des contrées
planes qui gardent l'eau, alors les marais et
les mousses s'y forment ; dans quelques-
uns de ces marais, se voit une substance
noire peu compacte, produite par les tiges,
les feuilles, les racines des plantes aquatiques
fossiles ; c'est la *tourbe*, qui, séchée, est combustible. Les couches de tourbe offrent de
20 à 30 pieds d'épaisseur dans la terre.

Le calorique de la tourbe n'est pas aussi
puissant que celui du charbon de terre, cependant les pays pauvres en bois l'apprécient ;
mêlée à la chaux et à des cendres, elle peut,
quelque temps après, donner un bon fumier.

III. — SOUFRE.

Le *soufre* est un minéral important, précieux, d'un jaune particulier, qui donne son

nom à la couleur *jaune de soufre*. En brûlant,
il répand des vapeurs suffocantes et sa flamme
est bleuâtre ; on le trouve rarement massif.
Mêlé à d'autres minerais, on le purifie avant de
le mettre dans le commerce. Il est généralement
répandu dans toute la nature, mais surtout dans les pays volcaniques : là on le ramasse dans les soufrières, fentes volcaniques
où il se dépose en poudre ou en croûte. En
Toscane, à Naples, on en prend plus de
30,000 quintaux par an. L'île de Sicile en
possède des couches puissantes, mêlées au
plâtre ou au sel de pierre fossile. Ce minéral
sert à la fabrication de matières inflamma-
bles, telles que la poudre à canon, les allu-
mettes, le fil de soufre, etc.

La plus grande partie s'emploie pour l'acide
sulfurique et vitriolique, dans lesquels on peut
dissoudre plusieurs espèces de minerais : fer,
zinc, cuivre.

IV. — GRAPHITE ET DIAMANT.

Dans les montagnes primitives, on trouve quelquefois une substance noir de fer ou gris d'acier nommée *graphite* ou *plombagine*; comme elle noircit les objets après lesquels on la frotte, on en fait des crayons; elle a une substance grasse qui garantit les machines du frottement du bois ou du métal. On en teint les poêles. Le meilleur graphite vient d'Angleterre ou de l'île de Ceylan; celui de la Sibérie est aussi de bonne qualité. Pour les crayons, le graphite de Passau, en Bavière, est renommé; en le mêlant à de la terre argileuse, incombustible, on en fait les creusets si estimés de Passau et d'Ips, qui, résistant au feu le plus violent, servent pour fondre les métaux.

Le graphite est composé de carbone pur; cependant, malgré sa substance noire et grasse, il tient du *diamant*, qui n'est autre que du carbone cristallisé, limpide comme l'eau, et incolore. On trouve cependant des diamants grisâtres, bleuâtres, jaunâtres et brunâtres.

Le diamant le plus précieux se distingue des pierres précieuses par sa dureté, son éclat, son feu, et prend sa valeur d'après sa pureté, sa limpidité et sa grosseur. On le trouve aux Indes orientales et au Brésil. Les diamants inférieurs servent pour graver, percer les pierres dures, couper le verre, tailler, polir d'autres pierres précieuses.

Les diamants sans tache font les bijoux, les diadèmes, les riches parures, transmises de règne en règne aux têtes couronnées.

La couronne de France possède un diamant pesant 139 carats, payé 2 millions de francs. La Russie en a un de la valeur de 6 millions de francs ; et le diamant du rajah de Matan, dans l'île de Bornéo, est estimé 19 millions,

FIN.

TABLE

FIN DE LA TABLE.

CLICHY. — Impr. Maurice Loignon et Cⁱᵉ, rue du lac d'Asnières, 12.

www.ingramcontent.com/pod-product-compliance
Lightning Source LLC
LaVergne TN
LVHW010800060726
842527LV00002B/507